대한민국을 뒤흔든
# 환경 스캔들

천천히읽는_과학11 대한민국을 뒤흔든 **환경 스캔들**
글 김보경 김현주 박윤주 장은영 조지영

펴낸날 2025년 3월 6일 초판1쇄
펴낸이 김남호 | 펴낸곳 현북스
출판등록일 2010년 11월 11일 | 제313-2010-333호
주소 07207 서울시 영등포구 양평로 157, 투웨니퍼스트밸리 801호
전화 02) 3141-7277 | 팩스 02) 3141-7278
홈페이지 http://www.hyunbooks.co.kr | 인스타그램 hyunbooks
ISBN 979-11-5741-434-5 73450

편집 전은남 | 책임편집 류성희 | 디자인 디.마인 | 마케팅 송유근 함지숙

글 ⓒ 김보경 김현주 박윤주 장은영 조지영 2025

이 책은 저작권법에 의하여 보호를 받는 저작물이므로 무단 전재 및 복제를 금지하며,
이 책 내용의 전부 또는 일부를 이용하려면 반드시 저작권자와 현북스의 허락을 받아야 합니다.

⚠ 주의 종이에 베이거나 긁히지 않도록 조심하세요. 책 모서리가 날카로우니 던지거나 떨어뜨리지 마세요.

대한민국을 뒤흔든

# 환경 스캔들

김보경 김현주 박윤우 장은영 조지영 글

| 머리말 |

## 대한민국을 뒤흔든 최악의 환경오염 사건들

지구는 다양한 생명체들이 모여 살고 있는 거대한 공동체입니다. 이곳을 독점하고 자기식으로 지배해선 안 되지요. 하지만 우리 인간들은 여러 가지 욕심으로 환경을 심각한 위기에 빠뜨렸어요.

이 책은 우리나라에서 크게 이슈화되었던 5가지 환경오염 사건을 소개합니다. 이 사건들은 모두 우리나라를 발칵 뒤흔들고, 사람들을 깜짝 놀라게 한 최악의 환경오염 사건들입니다.

'쓰레기 시멘트 사건'은 우리가 주로 생활하는 집의 재료, 시멘트에 온갖 쓰레기를 뒤섞은 게 드러난 충격적 사건이며, '밀양 송전탑 사건'과 '미군 기지 오염 사건'은 지역 주민들과 동식물들의 전자파 피해와 토양오염 피해 사건이에요. 또 '4대강 살리기 사업 사건'과 '허베이 스피리트호 기름 유출 사건은 우리 강과 바다가 오염되어 끔찍한 후유증을 앓게 한 사건이었습니다.

우리는 이 사건들을 통해 인간의 욕심이 환경에 어떤 악영향을 미칠 수 있는지, 우리가 앞으로 어떤 마음으로 환경을 보호하고 공존 방법을 찾아야 하는지를 알게 되었어요.

이 책을 읽는 여러분도 진지하게 생각해 보시길 부탁드립니다. 우리 후손들에게 건강한 환경을 물려주는 것이 우리 책임이라는 것을 꼭 기억합시다.

| 차례 |

머리말  4

## 1. 쓰레기 시멘트 사건
우리 집이 쓰레기 시멘트로 만든 아파트라고요?  10
집을 짓는 주재료는 시멘트예요  12
쓰레기를 넣어 시멘트를 만든다고요?  15
쓰레기 시멘트가 왜 문제인가요?  19
쓰레기 시멘트에 대해 어떻게 생각하나요?  26
다른 나라에서는?  32 | 작가의 편지  34

## 2. 밀양 송전탑 사건
전기가 눈물을 타고 흐른다고요?  38
전기는 어디서 오는 걸까요?  40
밀양에 왜 송전탑을 세우게 되었나요?  47
서울에는 왜 송전탑이 안 보이죠?  52
눈물이 흐르지 않는 전기는 없나요?  56
다른 나라에서는?  60 | 작가의 편지  62

## 3. '4대강 살리기 사업' 사건
우리 강이 녹조로 뒤덮였어요  66
'4대강 살리기 사업'을 왜 시작했나요?  68

'4대강 살리기 사업'의 문제점은 무엇인가요? **71**

4대강을 다시 살리려면 어떻게 해야 할까요? **80**

다른 나라에서는? **84** | 작가의 편지 **87**

## 4. 허베이 스피리트호 기름 유출 사건

바다가 기름으로 뒤덮였어요 **90**

우리나라 최대의 기름 유출 사고 **92**

해양 오염 사고의 문제점 **98**

기름 유출 사고로 입은 피해 **101**

다시 꾸는 꿈 **106**

다른 나라에서는? **116** | 작가의 편지 **118**

## 5. 미군 기지 오염 사건

미군 기지도 우리 땅, 그런데 오염이 심각해요 **122**

미군 기지 기름 유출 사건 **126**

미군 부대 오염은 대책 없이 반복되고 있어요 **129**

미군 기지 오염, 무엇이 문제인가요? **137**

무엇을 해야 할까요? **143**

다른 나라에서는? **146** | 작가의 편지 **148**

# 1
# 쓰레기 시멘트 사건

## 우리 집이 쓰레기 시멘트로 만든 아파트라고요?

참새 삐꾸가 재빠르게 날아와 시은이 방 창문을 '톡톡' 부리로 쪼았어요. 이불을 뒤집어쓴 시은이는 꿈쩍도 하지 않았지요. 참새 삐구는 잠만 자는 시은이가 답답해서 '짹! 짹!' 큰 소리를 질렀어요.

"아이 삐꾸, 너 왜 그래?"

"밤엔 뭐하고 여태 이러고 있니? 또 밤새 긁었구나."

"너무너무 가려운데 어떡하라고."

"얼마나 긁었으면 팔 안쪽엔 피도 맺혔네."

"하도 긁어대서 살결이 우툴두툴하고 시꺼메서 여름엔 반팔옷도 못 입잖아. 내 아토피 때문에 먹는 거 입는 거는 물론, 우리 집은 친환경 벽지, 친환경 가구에……, 그래도 지금은 많이 나아진 거래."

"이게 나아진 거라고?"

"어려서는 얼굴이 빨갛게 짓무를 정도로 심해서 밤새 울었대. 이런 내 맘을 누가 알까. 아 음, 나 더 자야 하니까 시끄럽게 짹짹거리지 말고 좀 가 줄래."

"야, 너 지금 이러고 있을 때가 아니야. 있잖아, 내가 저 너머 동네에서 특이한 광경을 봤어. 네 생각이 나서 전속력으로 날아온 거라니까."

"특이한 거?"

"아파트 공사장 앞에서 사람들이 이런 손팻말을 들고 있더라고."

**쓰레기 시멘트로 아파트를 만들지 말아 주세요!**
**우리 아이들이 아토피로 너무 힘들어요!!**

시은이가 이불 밖으로 얼굴을 쏙 내밀었어요.

"아토피? 혹시 우리 집도……? 근데 쓰레기 시멘트가 도대체 뭐야?"

## 집을 짓는 주재료는 시멘트예요

　시멘트는 19세기부터 사용하기 시작한 건축 재료로, 현대 건축물을 짓는 데 중요한 재료이지요. 그 이전 집들은 대부분 흙이나 나무, 돌을 이용해 지었어요.
　시멘트에 모래와 자갈, 물을 섞어 만든 콘크리트는 굳으면 매우 단단해서 건축물을 튼튼하게 만들 수 있어요. 그래서 높은 고층 빌딩도 올릴 수 있는 거예요. 대형 쇼핑몰도 짓고, 멋진 리조트나 호텔도 만들어요. 우리가 공부하고 뛰어노는 학교와 가족이 함께 생활하는 아파트도 시멘트로 만들었어요.

　그런데 시멘트를 만드는 과정에서 우리가 상상할 수 없는 온갖 쓰레기가 들어간다지 뭐예요.

**집을 짓는 주재료인 시멘트**  시멘트에 모래와 자갈, 물을 섞어 만든 콘크리트는 굳으면 매우 단단해서 건축물을 튼튼하게 만들 수 있어요. (사진·픽사베이)

시멘트는 원료인 석회석에 점토, 철광석, 규석을 넣어 만들어요. 긴 원통형 소성로에 시멘트 원료를 넣고, 유연탄을 연료로 1,400℃ 이상의 고온으로 가열해서 만들지요.

그런데 요즘은 석회석을 뺀 나머지 원료는 온갖 폐기물로 대체되었다고 해요. 원료인 점토 대신 석탄재와 온갖 쓰레기가 들어가지요. 하수 처리를 하고 남은 진흙 같은 슬러지와 불에 태워서 없애야 하는 각종 소각재는 물론, 반도체, 석유화학, 자동차, 전기, 전자, 철강 등 공장에서 제품을 만들고 남은 오염 물질 찌꺼기인 오니도 들어가고요. 원료인 철광석과 규석 대신 제철소에서 버리는 고철 쓰레기가 사용되지요.

뿐만 아니라 연료인 유연탄 대신 폐타이어와 폐고무, 폐유 등이 들어가요. 분뇨(똥) 하수 처리 슬러지와 국내 미군 기지에서 나온 오염토, 일본의 방사능 오염 석탄재까지 시멘트를 만드는 데 들어간대요. 이렇게 80가지가 넘는, 냄새나고 더러운 온갖 쓰레기가 시멘트에 들어가는 거예요. 한마디로 '쓰레기 시멘트'인 셈이에요.

## 쓰레기를 넣어 시멘트를 만든다고요?

쓰레기 시멘트가 만들어지게 된 까닭은 우리나라 환경부에서 허락했기 때문이에요.

1990년대 우리나라 경제가 힘들 때 건설 경기도 나빠지면서 시멘트 공장들이 문을 닫을 위기에 몰렸어요. 그래서 정부에서 도움을 주었지요.

1999년 8월 환경부가 시멘트 공장에서 연료로 유연탄 대신 산업폐기물을 태울 수 있게 해 준 거예요. 사실은 환경부도 많은 양의 산업폐기물 처리 문제로 고민하고 있었거든요.

그때부터 시멘트 공장들은 온갖 쓰레기를 소각하면서 원료비와 연료비를 줄이고, 쓰레기 처리비로 큰돈도 벌 수

있게 되었어요. 그 결과로 쓰레기 시멘트가 만들어졌지요.

시멘트 공장에는 온갖 더러운 것을 실은 쓰레기차가 수도 없이 들락거려요. 그중에는 일본에서 들어온 석탄재도 있어요. 석탄재는 발전소에서 석탄을 태우고 남은 재를 말해요. 일본의 후쿠시마 방사능 오염이 우려되는 일본 석탄재를 수입해서 시멘트를 만들기도 했어요.

국내 화력발전소의 석탄재도 산더미처럼 쌓여 있는데, 굳이 일본 석탄재까지 들여와야 할까요? 시멘트 회사가 일본 석탄재를 수입하는 이유는 처리 비용을 많이 받기 때문이에요. 일본에서 석탄재를 수입하는 나라 1위가 대한민국이래요.

일본은 한국 시멘트 회사들이 오염 덩어리 석탄재를 치워 주니 깨끗해지는데, 우리는 일본 쓰레기로 만든 시멘트가 들어간 콘크리트로 지은 아파트에서 살고 있으니 참 어이없어요.

◀ **시멘트 공장의 보조 연료로 사용되는 폐타이어** 시멘트 공장들은 폐타이어를 비롯한 온갖 쓰레기를 연료로 사용하면서 비용을 줄일 수 있었지만, 그 결과 쓰레기 시멘트가 만들어졌어요. (사진·연합뉴스)

시멘트 공장들은 한술 더 떠서 '21세기 산업 생태계 신모델'이라는 이름으로 시멘트 공장이 대한민국의 쓰레기 소각 처리 시설임을 자랑하고 있어요. 사실은 돈벌이 수단으로 쓰레기를 태우고 있으면서요.

우리는 날마다 집에서 숨을 쉬고, 벽이나 바닥에 기대어 일하고 놀고 쉬어요. 그런데 그런 집이 더러운 쓰레기를 넣어 만든 시멘트로 지은 거라니요? 소름 끼치는 일이에요.

## 쓰레기 시멘트가 왜 문제인가요?

### 시멘트에서 중금속과 발암물질이 검출되고 있어요

쓰레기 시멘트에서 검출되는 나쁜 성분이 가장 큰 걱정거리예요. 쓰레기 시멘트에서 납, 니켈, 수은 등 중금속 성분과 발암물질이 검출되고 있어요. 중금속이나 발암물질은 암을 비롯해 여러 가지 질병을 일으킬 수 있지요.

쓰레기 시멘트에는 발암물질인 '6가크롬'이 많이 들어 있어요. 6가크롬은 독성이 강해 접촉하거나 흡입하면 피부염이나 궤양을 일으키고, 폐암의 원인이 되는 1급 발암물질이에요. 쓰레기에 있는 크롬 성분이 시멘트 소성로에서 1,450°C로 열을 받으면 발암물질인 6가크롬으로 전환되지요.

환경부는 1급 발암물질과 중금속이 든 시멘트의 유해성을 조사하고도 보고서를 감추었어요. 발암 시멘트가 드러나면 자신들에게 돌아올 추궁이 두려웠던 거지요.

하지만 2006년 《한겨레신문》 기사 '시멘트에 아토피 유발 물질 범벅'이라는 보도를 통해 그동안 환경부가 감추고 있던 보고서가 세상에 공개되었어요.

그 후 2009년이 되어서야 6가크롬에 대한 배출 기준(1kg당 20mg 이하)을 만들었어요. 하지만 이 기준은 지금까지 거의 지켜지지 않고 있어요. 시멘트 공장에 대한 강제성이 없는 자율 기준이기 때문이에요.

우리나라에서 시멘트 완제품에 대한 국가산업표준(KS) 규격은 단 하나, '압축 강도'뿐이에요. 시멘트가 얼마나 빨리 굳고 단단한지만 통과하면 되는 거예요. 그러니 온갖 쓰레기를 넣어 만든 발암 중금속 시멘트도 합격이지요. '소비자주권시민회의'는 시멘트를 제조할 때 사용된 폐기물의 종류와 원산지, 사용량, 성분 함량 등을 포장지에 표시해 소비자에게 정보를 제공해야 한다고 요구하고 있어요.

## 우리 아이들 건강이 걱정이에요

서울대학교병원의 한 예방의학과 교수는 2007년 KBS TV '뉴스후플러스'에서 "6가크롬은 피부에 자극을 줘서 피부 궤양을 일으키기도 하고, 호흡기에 영향을 준다"고 말했어요.

동국대학교 일산병원의 한 피부과 교수는 "어린이들이 크롬에 알레르기가 있다고 하면 집의 시멘트가 충분히 원인이 될 수 있다"고 했어요.

의료 전문가들은 여러 가지 피부 알레르기의 원인이 시멘트에 포함된 6가크롬과 연관성이 있다고 밝혔어요. 어린이 아토피 환자에게서 크롬 반응이 나타난 것은 쓰레기로 만든 시멘트가 원인임을 부인할 수 없게 하지요.

중금속은 미량이라도 몸속에 쌓이면 잘 배출되지 않고 장기간에 걸쳐 부작용을 나타내요. 신체 모든 조직과 장기에 독성을 일으키는 물질이에요. 특히 크롬, 납, 니켈 등의 중금속은 어린이들에게 훨씬 더 위험하지요.

2019년 경기도 통계에 따르면, 경기도에 사는 청소년들 상당수가 알레르기 비염(39.7%)과 아토피 피부염(25.7%), 천식(9.2%) 등으로 고통받고 있는 심각한 상황이에요. 지금도 아토피 환자와 알레르기 비염 환자 수는 계속 증가하고 있어요.

우리나라 인구 절반이 모여 사는 수도권은 고개만 돌리면 고층 건물, 고층 아파트들이 빽빽하게 서 있어요. 쓰레기 시멘트가 내뿜는 독성을 계속 외면하고 있어야 할까요?

그동안 새집증후군의 원인을 벽지와 바닥 등 마감재에서만 찾았지만, 더 근본적인 원인을 생각해 봐야 해요.

아토피나 호흡기 질환으로 고통받는 사람들이 개인적인 노력만으로 고통에서 벗어나려고 애쓰고 있으니 얼마나 안타까운 일이에요.

## 시멘트 공장 주변에 사는 주민들이 고통받고 있어요

쓰레기로 만든 시멘트는 제품 자체의 유해성뿐만 아니라, 시멘트 공장의 굴뚝에서 나오는 연기도 상당히 심각합니다.

산업 쓰레기를 소각하는 굴뚝의 일산화탄소 규제 기준은 50피피엠(ppm : 100백만분의 1)이에요. 그런데 많은 쓰레기를 태우는 시멘트 공장 굴뚝에서는 1,000~1,400피피엠이 넘는 일산화탄소가 발생한다고 해요. 발암물질인 질소산화물은 세계 최고 수준이에요. 수은, 휘발성 유기물질 등과 함께 시멘트 분진(먼지)도 배출해요.

시멘트 공장 주변에 사는 사람들에게서 진폐증(폐 속으로 들어온 석탄 분진 때문에 생기는 병)이 발견됐어요. 광산에서 일한 적도 없는데 어떻게 이런 병에 걸린 걸까요?

강원대학교 환경보건센터는 2020년 2월 보고서에서 "시멘트 분진에 의해 기도와 폐가 손상된다"는 연구 결과를 세계 최초로 발표했어요.

**시멘트 공장 굴뚝의 연기** 쓰레기로 만든 시멘트는 제품 자체의 유해성뿐만 아니라 시멘트 공장 굴뚝에서 일산화탄소와 질소산화물을 비롯한 유해 물질을 뿜어내요. (사진·전국시멘트대책위원회)

진폐증뿐만 아니라 암, 각종 호흡기 질환과 피부병 등으로 고통받고 있는 주민들도 꽤 있지요.

강원도 영월에 있는 시멘트 공장 주변의 주택 지붕이나 주차된 차량에서 거무튀튀한 검댕을 흔히 볼 수 있어요. 시멘트 공장에서 폐타이어를 태울 때 날아온 거예요. 검댕은 비가 와도 씻기지 않아요. 이런 검댕이 주민들의 목구멍이나 콧구멍으로 들어간다고 생각해 보세요.

또 시멘트 공장에서 풍기는 악취로 주민들이 괴로움과 두통을 호소해요. 얼마나 독한 쓰레기가 들어오는지 2022년 시멘트 공장에서 쓰레기 하역 작업을 하던 운전자가 슬러지의 유독가스를 들이마셔 사망하는 사고도 일어났어요.

시달리다 못한 주민들이 청와대까지 진정을 넣었지만, 시멘트 공장은 꿈쩍하지 않았어요. 싼 벌금으로 때우면 되니까요. 오염 방지 시설에 투자할 비용보다 벌금이 훨씬 싸기 때문이에요.

환경부가 쓰레기 시멘트를 허가한 지 20여 년이 지났지만, 시멘트 안전 기준도 시멘트 공장의 대기 배출 규정도 아직 마련하지 않았어요. 시멘트는 그 자체로도, 또 만드는 과정에서도 환경오염이 발생하면 안 돼요. 시멘트로 인해 인체에 해로운 영향을 끼쳐서는 안 된다는 거예요. 시멘트 때문에 사람 몸이 병들어 가면 안 되잖아요.

## 쓰레기 시멘트에 대해 어떻게 생각하나요?

### 시멘트 공장의 생각

버려지는 각종 쓰레기를 시멘트 공장에서 처리하고 있어요. 그건 말이죠, 자원 재활용이란 측면에서 봐야 합니다. 뭐 우리나라만 쓰레기로 시멘트를 만드는 줄 아세요? 다른 나라들도 쓰레기를 넣어 시멘트를 만들어요.

시멘트는 굳으면 안전하기 때문에 아무 문제 없어요. 발암물질과 중금속이 어디에서 나온다는 건가요?

우린 앞으로 더 많은 쓰레기를 태울 거예요. 2025년까지 연료인 유연탄 대신 폐기물을 100퍼센트 사용할 예정이라고요.

**쓰레기 시멘트의 위험성을 걱정하는 뉴스 보도** 쓰레기로 만든 시멘트에서 발암 물질과 중금속이 나오는지 안 나오는지 걱정하는 사람들이 많아요. (사진·뉴스화면 갈무리)

### 쓰레기 시멘트를 걱정하는 시민의 반론

시멘트는 살아 숨 쉬는 생명체 같은 거예요. 집 안에 널어 놓은 빨래가 마르는 것은 시멘트가 그 습기를 흡수하기 때문이에요. 시멘트는 실내의 습기를 흡수하고 또다시 건조되면서 끊임없이 화학적 작용을 반복하는 불완전한 위험 물질이에요. 그러니까 시멘트가 굳으면 안전하다는 말은 억지예요. 정말 안전한지 쓰레기로 만든 시멘트를 분석해서 발암물질과 중금속이 나오는지 안 나오는지 발표하면 돼요.

앞으로 더 많은 쓰레기를 넣을 거라고요? 쓰레기를 태워 큰돈을 벌 생각만 하지 말고, 쓰레기 시멘트 제품의 안전성을 보장하고, 환경오염 저감 시설을 제대로 갖추어야 하는 거 아닌가요.

다른 나라들도 마찬가지라고요? 쓰레기를 넣어 시멘트를 만드는 다른 나라 공장들은 엄격한 관리 기준이 있어요.

### 환경부의 생각

시멘트를 만들 때 들어가는 쓰레기는 재활용 면에서 좋은 방법입니다. 우리나라는 땅덩어리가 크지 않아 쓰레기 묻을 곳을 찾기가 힘들어요.

여러분은 자기 동네에 산업폐기물을 포함해서 각종 쓰레기를 매립한다고 하면 다들 결사반대할 거잖아요. 더구나 산업폐기물을 태울 소각장을 짓는다고 하면 밤잠 안 자고 시위할 거 아니에요? 그러니 어쩔 수 없어요. 쓰레기들을 시멘트 공장에서 처리할 수밖에 없다고요.

**쓰레기 시멘트를 걱정하는 시민의 반론**

눈앞에 보이는 골치 아픈 쓰레기를 치워 주는 시멘트 업체만 두둔하지 마시고, 대한민국의 환경을 책임지는 부서답게 국산 시멘트가 안전하다는 보고서를 제출하세요. 발암물질과 중금속이 가득한 쓰레기는 폐기물 전문 업체에서 처리하는 게 맞는 거 아닙니까?

쓰레기 시멘트로 지은 아파트가 재건축으로 버려질 때 또다시 토양 오염을 일으키는 거는 생각해 보지 않으셨나요? 쓰레기 시멘트로 지은 집에서 평생 살아야 하고, 그 아파트가 철거되면 발암물질 덩어리인 쓰레기가 다시 국토를 오염시킬 거예요.

**일본산 쓰레기 수입에 반대하는 시민들의 집회** 쓰레기 시멘트의 안전성을 걱정하는 환경 단체와 시민들이 시멘트 원료로 수입하는 일본산 석탄재 쓰레기에 반대하는 집회를 열고 있어요. (사진·연합뉴스)

### 주민들의 생각

그동안 동네 한쪽에 몰래 내다 버린 산업 쓰레기 때문에 얼마나 골치가 아팠는지 몰라요. 거기에서 이상한 색깔의 물이 나오고부터는 지하수도 못 먹고 고약한 냄새 때문에 여름엔 창문도 못 열고 살았어요. 이사 가고 싶어도 집이 안 팔려요. 이런 동네에서 누가 살고 싶겠어요? 그런데 시멘트 공장에서 이 쓰레기를 가져간다니 얼마나 좋은지 몰라요. 우리는 시멘트 공장에 감사패라도 주고 싶은 심정이라고요.

### 쓰레기 시멘트를 걱정하는 시민의 반론

아이고, 그동안 지긋지긋한 쓰레기로 고생이 많으셨네요. 그렇지만 좀 아쉽습니다. 그 쓰레기를 몰래 갖다 버린 기업체를 고발했으면 얼마나 좋았을까요. 또 주민에게 피해를 준 정부에게 책임을 물었으면요.

쓰레기가 없어져 당장은 좋을지 몰라도, 그 쓰레기로 시멘트를 만들면 모두의 고통으로 돌아가는데 어쩌면 좋아요. 그 동네도 그런 시멘트로 집을 짓게 될지 모르잖아요.

## 다른 나라에서는?

**시멘트 안전 기준**

외국에서도 쓰레기를 넣어 시멘트를 만드는 나라들이 있어요. 그 나라들은 쓰레기 사용 기준과 배출가스 규제 및 시멘트 제품 안전 기준이 있지요. 또한 소성로로 유입되는 원료와 연료를 자체적으로 관리하고 있고요.

그런데도 쓰레기 시멘트의 해로움에 대해 시민들은 끊임없이 문제를 제기하고 있습니다.

- 2007년 미국에서는 9개 주, 시멘트 공장에서 배출하는 수은과 오염 물질을 적절하게 통제하지 못했다고 중앙 정부를 고소했어요.
- 캐나다 법원은 2008년 쓰레기로 시멘트를 만드는 공장은 환경과 인간의 건강에 잠재적인 위협이 된다고 판결했어요.
- 스페인에서는 시멘트 소성로의 쓰레기 소각을 반대하는 전국 네트워크가 캠페인을 해 왔어요. 2010년 이후 시멘트 공

장의 분진으로 해당 지역 주민들의 호흡기 질환과 조기 사춘기, 암 발생률이 높게 나타났대요.

• 2014년 이탈리아에서는 '시멘트 소성로의 폐기물 소각을 반대하는 유럽인의 모임'이 열렸어요. 대학교수와 폐기물 전문가 등 200여 명이 참석해 쓰레기 시멘트의 유해성을 말했어요.

• 슬로베니아 환경부는 2015년 프랑스의 세계적 기업인 '라파즈시멘트'에 운영 중단을 명령했어요. 슬로베니아 시민이 10년 넘게 시멘트 공장의 쓰레기 소각을 반대하는 캠페인을 벌인 결과예요.

• 2019년 아일랜드의 한 도시에서 수천 명이 거리로 나섰어요. 시멘트 공장의 쓰레기 소각을 반대하는 시위였어요.

📧 **작가의 편지**

**하루빨리 '시멘트 등급제'를 실시해 주세요**

 우리가 24시간 머무는 장소들은 대부분 시멘트를 피할 수 없는 곳이에요. 먹고 자고 쉬는 아파트와 아이들이 기어 다니고 뛰어노는 어린이집, 아빠와 엄마가 일하는 직장, 노인들이 하루하루 힘겹게 살아가는 요양원이나 요양병원도 시멘트 건물입니다.
 그런데 환경부의 쓰레기 고민 해결과 시멘트 업체의 막대한 이익을 포기할 수 없다는 이유로 국민 건강이 뒷전으로 밀려날 수 있을까요?

 하루빨리 '시멘트 등급제'를 실시해 주세요. 깨끗한 시멘트와 쓰레기로 만든 시멘트를 등급으로 구분해서 소비자가 선택할 수 있게 해 주셔야 합니다.
 특히 주거용 건물에는 쓰레기로 만든 시멘트를 사용하지 못하게 법규를 만들어 주세요. 아쉽게도 2022년 4월 국회에 시멘트 등급제 법안이 제출됐으나 21대 국회 폐회로 자동 폐기된 상태예요.

'한국사회여론연구소'에서 2022년 쓰레기 시멘트에 대한 여론 조사를 했어요. 조사에 답한 사람들의 86.7퍼센트는 유해 물질에 대한 시멘트 제품 성분 표시제 도입이 필요하다고 했습니다.

지금 여러분이 살고 있는 집이 쓰레기 시멘트로 지은 것 같아 불안하다고요? 환기를 자주 시켜 주세요. 집 안에 시멘트가 노출된 곳은 잘 닦고, 보이지 않게 마무리하면 좋겠죠. 못을 박을 때는 시멘트 가루가 발생하지 않도록 조심하고요. 또 공기 정화 식물이나 숯을 이용하면 도움이 될 거예요.

# 2
# 밀양 송전탑 사건

## 전기가 눈물을 타고 흐른다고요?

시은이는 민주 아줌마가 사는 밀양에 놀러 왔어요. 민주 아줌마네 과수원은 아주 넓었어요. 나무마다 잘 익은 감이 주렁주렁 매달려 있었죠.

"우아!"

시은이는 과수원을 가로지르는 거대한 철탑을 올려다보며 입을 쩍 벌렸어요. 얼마나 높은지 고개를 젖혀 한참을 봐야 했거든요.

"철탑이 이렇게 가까이 있을 줄은 몰랐는데……. 이 소리도 저기서 나는 거야?"

엄마도 철탑을 올려다보며 얼굴을 찌푸리더니 민주 아줌마에게 물었어요.

"응, 오늘은 날씨가 좋아 덜한 거야. 바람이 불거나 비가 오면 얼마나 심하다고."

"이 윙윙거리는 소리요?"

시은이가 궁금해하자, 민주 아줌마 옆에서 꼬리를 흔들고 있던 멍멍이가 시은이에게 다가오더니 말했어요.

"철탑 사이에 줄 보이지? 거기로 전기가 지나며 나는 소리야."

"전기?"

"설마 저 철탑이 송전탑인지 모르는 거야? 너, 전기 쓰면서 한 번이라도 그 전기가 어디서 왔는지 생각해 본 적 있어?"

"아니, 그냥 쓰면 되지 누가 그런 걸 생각해?"

"그 전기가 너희 집으로 가기까지 얼마나 많은 사람과 동식물이 피해를 보고 있는데……."

"이 소리가 좀 시끄럽기는 하지. 그래도 전기를 보내려면 어쩔 수 없잖아."

"소음만이 아니라고. 너 진짜 아무것도 모르는구나."

멍멍이가 한숨을 쉬더니 이야기를 시작했어요.

# 전기는 어디서 오는 걸까요?

## 전기가 우리에게 오려면

전기는 우리 생활에 없어서는 안 될 중요한 에너지예요. 우리는 전기 없이는 하루도 살 수 없어요. 가전제품으로 음식을 해 먹고, 컴퓨터를 하고, 어둠을 밝히고, 지하철을 운행하고……. 몇 가지 예만 들어 봐도 전기는 우리 생활을 편리하게 해 주는 것을 넘어서 우리 삶을 유지해 주는 아주 중요한 역할을 하지요.

그렇다면 전기는 어디서 온 걸까요? 전기는 자연에서 바로 얻을 수 없어요. 여러 시설을 갖추고 원료를 이용해 만들어야 하죠. 주로 해안가나, 도시에서 멀리 떨어진 지역에

**신고리 원자력발전소** 도시에서 멀리 떨어진 지역의 발전소에서 만들어진 전기는 송전탑과 송전선로를 통해 전기 소비가 많은 도시와 공장 지역으로 보내져요. (사진·위키피디아)

전기를 만들 수 있는 발전소를 지어요. 원료로는 석탄, 천연가스, 석유를 많이 사용해요.

우리나라에서는 전력의 60퍼센트 이상을 화력발전으로 생산하고 있어요. 원자력발전소에서는 전력의 32퍼센트가량을 생산하지요(2024년 기준). 이 밖에도 수력발전, 태양열발전과 태양광발전, 풍력발전, 바다의 썰물과 밀물을 이용한 조력발전 등이 있어요.

　발전소에서 생산된 전기는 송전탑과 송전선로를 따라 전기 소비가 많은 도시나 공장 지역으로 보내져요. 이때 이동 시 발생하는 전력 손실을 줄이기 위해 초고압으로 전압을 높여 송전하게 되지요.
　우리나라는 다른 나라에 비해 초고압 송전 설비가 많은 편이에요. 초고압으로 보낸 전기는 소비자와 가까운 지역에서 다시 전압을 낮춘 뒤 우리 가정으로, 공장으로 공급돼요. 이러한 과정을 통해 우리는 간단하고 편리하게 전기를 사용할 수 있게 되지요.

**눈물을 타고 흐르는 전기**

　발전소에서 만들어진 전기는 긴 과정을 거쳐서 우리에게 와요. 여러분도 산이나 들판을 가로지르는 송전탑을 본 적이 있을 거예요.

그런데 전기가 눈물을 타고 흐른다는 말이 있어요. 그게 무슨 말일까요? 송전탑과 송전선로 건설로 많은 사람이 고통받고 자연과 생태계가 훼손되고 있기 때문이에요.

송전탑과 송전선로에 대해 사람들이 가장 우려하는 것은 건강 문제예요. 송전탑과 송전선로에는 높은 수치의 전자파가 발생해요. 송전탑 근처에 형광등을 놔두면 아무런 전기 공급 장치 없이도 불이 들어올 정도죠. 하지만 전자파의 유해성에 대해서 아직 명확하게 밝혀진 게 없어요. 그렇다고 해롭지 않다는 결과도 없지요.

체계적이고 장기적인 역학조사가 필요한데, 아직 제대로 이루어지지 않고 있어요. '역학조사'는 어떤 지역이나 집단 안에서 일어나는 질병의 원인이나 변동 상태를 연구하는 일이에요. 대책을 세우기 위해서 꼭 필요한 일이죠.

송전탑에 오랜 시간 노출된 마을 주민들이 암이나 병에 걸린 사례는 많아요. 다른 마을 사람들과 비교할 때 매우 높은 비율을 차지해요. 이유 없이 소나 돼지가 죽거나 새

끼를 갖지 못해 축산업을 포기하는 경우도 있어요. 주민들이 불안에 떨 수밖에 없는 이유예요. 그런데도 정부나 한전은 유해성이 없다는 말만 되풀이하고 있어요.

송전선로에서 나는 소음도 주민들을 힘들게 해요.
전기가 흐르면서 윙윙거리는 소리가 쉴 새 없이 들려요. 바람이 불거나 비가 내리는 날은 소리가 더욱 커지고, 불꽃이 번쩍 튀기도 해요. 이런 송전탑과 송전선로가 집 바로 옆에 설치된 경우도 있어서 문제는 더욱 심각해요.

또 송전탑은 환경을 파괴하고 마을의 미관을 해쳐요.
산과 들, 논밭, 마을을 가로지르는 송전탑의 행렬은 마을과 주변 경관을 심하게 훼손하죠. 산과 들을 깎아 내고 마을을 파헤치고 들어선 송전탑은 마을의 주인 행세를 해요. 송전탑을 따라 길게 이어지는 송전선로 때문에 아름다운 하늘을 온전히 바라보기도 힘들어요.

◀ **밀양시 단장면 바드리마을에 세워진 높이 107미터의 거대한 송전탑** 경찰이 송전탑 주변에서 송전탑 건설에 반대하는 주민들의 접근을 막고 있어요. (사진·연합뉴스)

주민들이 이러한 이유로 이사 가려 해도 쉽지 않아요. 땅을 내놓아도 팔리지 않고, 들어와 살려는 사람이 없어요. 귀농, 귀촌 인구가 늘어나고 있다고 하지만, 송전탑이 있는 곳에 들어오려는 사람은 없어요.

이처럼 송전탑이 지나가는 마을의 주민들은 신체적, 정신적, 물질적으로 막대한 피해를 보고 있어요.

이러한 피해는 사람뿐만이 아니에요. 철새 도래지, 야생 동물 보호구역에까지 송전탑이 지나가면서 동식물이 안전을 위협받고 있어요. 산과 들을 파헤쳐 송전탑과 송전선로가 들어서면서 동식물이 사는 땅이 파괴돼요.

## 밀양에 왜 송전탑을 세우게 되었나요?

**밀양에 송전탑이 들어서기까지**

2000년 1월 산업자원부는 '제5차 장기전력 수급계획'을 수립했어요. 경남 신고리 원자력발전소에서 생산한 전기를 서울과 수도권으로 보내는 계획이었죠.

이에 따라 한전은 신고리 원자력발전소에서 북경남변전소까지 90.5킬로미터 구간에 송전탑 161개를 세우기로 해요. 송전탑을 따라 76만 5,000볼트 초고압 송전선로를 놓기로 하면서 밀양의 5개 면 30개 마을에 송전탑 69개가 들어서게 되었어요. 76만 5,000볼트 초고압 송전탑이 밀양 지역을 관통하게 된 거죠.

하지만 이 사실을 주민들에게 전혀 공개하지 않았어요.

**호미로 파낸 송전탑** 송전탑 건설에 반대하는 밀양 주민들이 한전 앞에서 송전탑을 호미로 파내는 퍼포먼스를 보이며 반대 시위를 하고 있어요. (사진·연합뉴스)

2005년에 환경영향평가 주민설명회가 열리고 나서야 주민들은 처음으로 이 사실을 알게 되었죠.

주민들은 상동면 여수마을 집회를 시작으로 송전탑 반대 투쟁을 펼쳤어요. 그러나 주민들의 반대에도 불구하고 2007년 11월에 신고리 원자력발전소에서 북경남변전소까지 76만5,000볼트 송전로 건설 사업이 승인되었고, 한전은 공사를 강행했어요.

주민들은 더 강하게 저항했어요. 그 과정에서 주민 두 분이 목숨을 끊는 안타까운 일까지 일어났어요. 밀양의 할아버지, 할머니들이 주축이 되어 송전탑이 들어설 산에 움막을 짓고 맨몸으로 버텼어요. 전국 각지에서 희망버스를 타고 온 사람들이 함께 힘을 모았어요.

전국적인 지지와 동참으로 반대 농성은 계속되었지만, 정부는 2014년 6월 11일 행정대집행을 내렸어요. 경찰 2,000여 명과 한전 직원 250여 명을 투입해 농성장을 철거하고, 결국 송전탑이 들어서게 되었어요.

**송전탑이 들어서면서 무너진 마을 공동체**

송전탑은 주민들의 삶의 터전을 엉망으로 만들어 놓았어요. 그중에서도 가장 심각한 것은 함께 일하며 생활하던 마을 공동체가 붕괴한 거예요. 도시에 비해 농촌은 마을과 이웃이 생활에서 많은 부분을 차지해요. 특히 평생 농사를 지으며 한마을에서 살아온 밀양 할아버지, 할머니들에게 마을과 이웃은 삶의 전부라고 할 수 있어요.

송전탑 건설을 놓고 같은 마을에서도 반대하는 주민과 찬성하는 주민들 간에 마음의 골이 깊어질 수밖에 없었어요. 송전탑을 건설하기 위해 한전이 마을 사람들에게 벌인 회유와 압박 때문이었지요.

주민 대부분은 제대로 된 보상 내용을 알지 못했어요. 송전탑 반경 1킬로미터 내외에 보상 기준을 다르게 적용해서 주민들 사이에 크고 작은 갈등이 일어나게 했어요. 또 개별 보상과 마을 단위 보상 기준이 명확하지도 않고 이를 공개하지도 않았어요. 마을 간, 세대 간 보상받은 금액이 모두 다르고, 보상 형태도 제각각이다 보니 주민들 간에 서로 불신을 키울 수밖에 없었지요.

갈등은 단순히 돈 때문이 아니었어요. 보상금 지급 과정에서 주민들은 편 가르기, 조롱 등 엄청난 고통을 겪었어요. 투쟁과 합의 과정에서 오랫동안 이어져 내려오던 마을들의 자치 역량은 붕괴되었어요. 결국 마을 내 인간관계는 회복할 수 없을 정도로 파괴되었고, 마을 공동체는 산산조각이 났어요.

주민들은 '재산권', '건강권'과 함께 '공동체 복원'을 요구하고 있어요. 그만큼 주민들에게 지역의 공동체는 재산과 건강 못지않게 중요해요. 주민들이 예전처럼 다시 이웃사촌과 함께하는 평온한 일상으로 돌아갈 수 있도록 정부가 적극적으로 나서야 해요.

# 서울에는 왜 송전탑이 안 보이죠?

## 민주적이지 못한 에너지 시스템

많은 사람이 모여 사는 서울은 당연히 더 많은 양의 전기가 필요하겠죠. 그런데 왜 서울에는 송전탑이 안 보이는 걸까요? 송전탑 없이도 어떻게 아무런 불편 없이 전기를 사용할 수 있지요? 밤마다 화려한 빛으로 수놓은 도시의 야경은 또 어떻고요. 이는 민주적이지 못한 에너지 구조 때문이에요.

우리나라 전력 중 많은 양이 울진과 고리의 원자력발전소와 충남의 화력발전소 단지에서 생산돼요. 주로 도시에서 멀리 떨어진 해안가에 위치하고 있죠. 여기서 얻은 전기는 그 지역에서 바로 소비되지 않고, 수도권과 대형 공장이 밀집된 지역으로 보내져요. 수도권과 공업단지에서 많은 양의 전기를 사용하기 때문에 멀리 떨어져 있는 발전소에서 전력을 공급받는 거죠.

수도권과 대형 공단에 전기를 보내기 위해서는 거대한 송전탑과 송전선로가 필요해요. 현재 우리나라를 가로지르며 꽂혀 있는 철탑은 4만여 개나 돼요. 전기를 주로 소비하는 대도시나 대형 공장 주변에 발전 시설을 설치한다면 이렇게 많은 송전탑이 필요 없는데 말이죠.

발전 시설의 대형화와 밀집화 정책으로 전기 생산지와 소비지가 분리되면서 이러한 문제는 더욱 심각해지고 있어요. 그러다 보니 전기가 흘러가는 지역의 주민들은 오늘도 그 누군가를 위해 많은 희생과 고통을 감수하고 있어요. 우리의 편리한 생활을 위해 누군가의 눈물이 계속된다면 이는 진정한 에너지 민주주의가 될 수 없어요.

## 지금도 계속되는 또 다른 밀양 사태

밀양 송전탑 건설 반대 투쟁은 우리 사회에 많은 관심과 지지를 받았어요. 비록 송전탑을 막을 수는 없었지만, 대규모 송전탑 건설로 인한 심각한 피해를 깨닫는 계기가 되었지요.

밀양 이전에도 송전탑이 설치된 지역은 많았어요. 대부분 농촌이나 어촌, 산지촌이었어요. 주민들은 전기가 우리 생활에 없어서는 안 되는 것이고 나라에서 하는 일이니, 불편하더라도 협조는 하는 게 당연하다고 생각했어요. 하지만 송전탑으로 인한 피해가 워낙 심하다 보니 곳곳에서 반대 운동이 일어났어요. 밀양이 더 많이 알려졌을 뿐이죠.

2024년 6월 11일은 밀양 송전탑 건설 반대 농성장을 정부가 행정대집행한 지 10년이 된 날이에요. 행정대집행으로 송전탑이 들어서게 되었지만, 밀양 송전탑 반대 투쟁은 끝나지 않았어요. 지금도 18개 마을 143가구는 보상금을 거부하며 싸우고 있어요. 주민들의 싸움은 정의를 위한 일상의 투쟁으로 확대되어 탈핵, 탈원전 활동으로 이어지고 있어요.

제2의 밀양은 계속되고 있어요. 충남 당진, 충북 청주와 보은, 강원도 횡성과 홍천, 부산 기장 등 여러 지역에서 송전탑 건설을 추진하고 있어요. 밀양에서의 아픔이 되풀이되지 않도록 더 세심한 사회적 합의와 관심이 필요한데, 안타깝게도 10년 전이나 지금이나 달라진 게 별로 없어요.

# 눈물이 흐르지 않는 전기는 없나요?

## 송전탑을 땅속으로

우리가 매일 사용하는 전기에 이렇게 많은 사람의 눈물과 고통이 들어 있다고 생각하니 마음이 무겁죠?

그렇다면 송전탑을 건설하지 않고 전기를 보내는 방법은 없을까요? 송전탑을 지중화하면 해결할 수 있어요. '지중화'란 송전선을 배관이나 공동구 등을 이용하여 땅속에 설치하는 것을 말해요. 서울에 송전탑이 안 보이는 이유가 바로 지중화율이 90퍼센트 가까이 되기 때문이에요.

한전에서는 송전탑 지중화에 '요청자 부담 원칙'을 내세우고 있어요. 지방자치단체가 사업비의 50퍼센트를 부담하라는 거죠. 그 지역에서 사용하지도 않는 전기를 외부로 보내기 위해 송전탑을 세우는데, 그 비용을 부담하라니 말도 안 되죠.

상황이 이렇다 보니 재정 형편이 열악한 지방자치단체가 지중화 사업을 진행하기에는 어려움이 많아요. 실제로 재정자립도가 낮은 지자체 순서로 지중화율도 낮아요. 그래서 서울과 지방의 지중화율 격차가 90배 가까이 차이 나기도 해요. 하루빨리 '요청자 부담 원칙'을 없애고 재정 상황이 안 좋은 지방자치단체의 송전탑이 지중화될 수 있도록 적극적인 지원을 펼쳐야 해요. 또한 송전탑 건설이 필요한 경우 주민과의 합의와 지중화를 위해 노력해야 해요.

### 에너지 자급자족을 위해

원자력발전과 화력발전은 전력 생산지와 소비 지역이 멀리 떨어져 송전탑 건설 문제가 생기고, 송전 비용도 많이 들어요. 그 지역에서 필요한 전기는 그 지역에서 만들어

**건물 옥탑의 태양광 패널** 태양광 기술을 통해 주거 지역과 가까운 곳에서 다량의 전기를 생산할 수 있다면 송전탑을 건설하지 않아도 되고, 진정한 에너지 자급자족을 이룰 수 있을 거예요. (사진·픽사베이)

사용한다면 이러한 문제점을 해결할 수 있어요.

 학교나 가로등, 건물 옥탑 등에서 태양광 패널을 이용해 전기를 얻는 모습을 본 적이 있지요? 아직은 태양광을 통해 많은 양의 전기를 얻을 수 없고, 겨울철에는 전기를 안정적으로 생산할 수도 없어요.

하지만 앞으로 태양광 기술을 더 발전시킨다면 주거 지역과 가까운 곳에서 다량의 전기를 생산할 수도 있을 거예요. 그러면 송전탑을 건설하지 않아도 되고, 진정한 에너지 자급자족을 이룰 수 있어요. 이처럼 신재생 에너지를 꾸준히 개발하기 위해 노력해야 해요.

## 다른 나라에서는?

**친환경 신재생 에너지**

세계 여러 나라에서는 친환경 신재생 에너지를 통해 에너지 자립을 이룬 모범 사례가 많이 있어요.

- 독일의 보봉마을은 탄소제로 마을로 유명해요. 보봉마을의 주택들은 3중 창호와 단열재로 지은 '패시브 하우스'로 독일의 일반 주택보다 약 70퍼센트 이상의 에너지를 절약하고 있어요. 태양광 설비로 전기를 직접 생산하고, 남는 전기는 근처 발전소에 팔아 수익을 거두기도 하죠. 또 가축 분뇨와 곡물, 음식물 쓰레기를 활용해 바이오에너지를 만들어 사용하고 있어요.

- 덴마크의 삼쇠섬은 세계 최초로 재생에너지 자립도 100퍼센트라는 기적을 이루었어요. 전력 수요 전부를 풍력발전기로 생산하고, 난방의 70퍼센트를 태양에너지와 바이오에너지

**들판에 세워진 풍력발전기** 덴마크의 삼쇠섬은 세계 최초로 재생에너지 자립도 100퍼센트를 이루었는데, 전력 수요 전부를 풍력발전기로 생산해요. (사진·픽사베이)

로 이용하고 있어요.

- 우리나라에서도 에너지 자립을 위해 노력하는 마을들이 많아지고 있어요. 서울의 성대골마을은 대표적인 곳이에요. 에너지 절약으로 시작된 마을 주민들의 운동은 단열재와 LED 조명 등 절전 제품을 판매하는 '에너지 슈퍼마켓'을 차렸고, 학교 옥상에 태양광 패널을 설치해 생산한 전기를 판매하는 등 에너지 자립에 한 발씩 다가서고 있어요.

## ✉ 작가의 편지

착한 에너지로 사람을 살려요, 지구를 살려요

누군가의 희생으로 대도시를 지탱하고 공장을 돌리는 에너지 불평등은 하루빨리 바뀌어야 해요. 그러기 위해서는 원자력과 화력발전 중심의 에너지 시스템에서 벗어나야 해요.

몇 년 전 우리나라는 국제 환경 감시단체로부터 지구를 위협하는 '기후 악당'으로 꼽혔어요. 화석연료 사용 세계 8위, 이산화탄소 배출 세계 7위로 기후 위기의 주범이라는 거죠.

원자력과 화력발전은 원료가 한정적이라 고갈될 위험이 있고, 전기를 만드는 과정에서 많은 대기오염 물질, 폐수, 폐기물을 발생시켜요. 지구온난화를 일으키는 온실가스 배출, 방사성 폐기물 발생 등 많은 위험이 뒤따르지요.

풍력, 수력, 태양열·태양광 같은 친환경 신재생 에너지를 늘

리도록 노력해야 해요. 아울러 점진적인 탈원전으로 나아가야 해요. 우리는 2011년 후쿠시마 원전 사고를 지켜보며 원자력발전의 엄청난 위험성을 목격했어요. 원자력발전의 문제는 우리 모두의 건강과 미래가 걸린 일이에요.

착한 에너지로 사람을 살리고, 지구를 살리기 위해 더 적극적인 노력이 필요해요.

# 3
## '4대강 살리기 사업' 사건

## 우리 강이 녹조로 뒤덮였어요

드디어 여름휴가 날이 되었어요. 자동차에서 내린 시은이는 아빠 엄마와 함께 낙동강 민박집으로 들어갔어요.

"오늘은 늦었으니까 일찍 자고, 내일 아침에 낙동강 보 구경도 하고 수상스키도 탈 거야."

시은이는 침대에 누워 보 구경과 수상스키를 타는 가족의 모습을 상상했어요. 절로 웃음이 나왔어요. 그러다가 까무룩 잠이 들었지요.

"쾅, 쾅, 쾅!"

한밤중에 창문 두드리는 소리가 났어요. 부스스 눈을 뜬 시은이가 창문 쪽으로 걸어갔어요. 창문을 열고 두리번거리니 검정 강아지처럼 생긴 동물이 있었어요.

"난 강아지가 아니라 너구리라고."

"너, 너구리가 말을 하네. 근데 창문은 왜 두드린 거야?"

"빨리 먹을 것 좀 줘. 종일 굶었더니 배고프단 말이야."

"아, 알았어. 방으로 들어와."

시은이 말이 끝나기 무섭게 너구리가 잽싸게 창문을 넘어 들어왔어요. 시은이가 준 과일을 먹고 나자, 너구리는 뭔가 생각났는지 눈을 끔벅대더니 울상을 지었어요.

"어, 엄마가 쓰러졌대. 우리 엄마 어떡해."

"너희 엄마가 쓰러졌다고?"

"아침에 물을 마시러 나갔는데 돌아오지 않았어. 강가로 갔더니 준치 아줌마가 강물을 마시고 쓰러진 엄마를 야생동물병원으로 데려갔다고 했어."

"뭐? 강물을 마시고 쓰러져?"

시은이는 강물을 마신 엄마 너구리가 왜 쓰러졌는지 어리둥절했어요.

"준치 아줌마가 그랬어. 사람들이 4대강 살리기라나 뭐라나를 했다고. 아무튼 그 때문에 강물이 녹조로 뒤덮였대."

## '4대강 살리기 사업'을 왜 시작했나요?

이명박 전 대통령은 선거 공약으로 부강한 나라를 만드는 물길이라며 서울부터 부산까지 잇는 '한반도 대운하 사업' 계획을 발표했어요.

한강과 낙동강을 잇는 경부운하, 금강과 영산강을 잇는 호남운하와 한강에서 경인운하를 연결하며, 장기적으로는 북한에도 운하를 뚫어 신의주까지 한반도 전체를 연결하겠다는 계획이에요. 운하는 선박의 통행을 위해 인공적으로 만든 물길을 말해요. 즉, 선박이 지나다닐 목적으로 만들어진 물길이지요.

그러나 우리나라는 이미 고속도로와 철도망이 발달해 있고, 삼면이 바다로 둘러싸여 있어 운하 건설은 불필요한 사업이었어요. 게다가 1,000원을 투자하면 적게는 720원, 많게는 950원의 손해를 보는 사업이어서 국민 대부분이 반대했지요.

이에 정부는 국민이 반대하면 '한반도 대운하 사업'은 하지 않겠다고 하며, '4대강 정비 사업'을 하겠다고 방송을 통해 대대적으로 보도했어요. 높이 1, 2미터의 작은 보 4개를 짓고 친환경 사업에 중점을 두겠다는 내용이었어요.

하지만 한 공무원의 양심선언으로 '4대강 정비 사업'의 정체는 '한반도 대운하 사업'이라는 게 밝혀졌어요. 4개월 후 정부는 다시 '4대강 살리기 사업'으로 이름을 바꾸고, 2009년 11월 한강을 시작으로 4대강 사업을 본격적으로 시작하였지요.

'4대강 살리기 사업'은 이명박 정부가 2009년 7월부터 2011년 10월까지 2조 2,000억 원을 들여 한강, 금강, 영산강, 낙동강에 보를 세우고 하천을 깊이 파낸 사업이에요.

보는 강물의 수위를 높이고 많은 물을 얻기 위해 강을 가로막아 만들어요. 높이가 7.7~11.8미터 정도인데, 빌라 4층 정도 높이이지요. 길이는 260~994미터인데, 100미터

학교 운동장을 아홉 번 도는 것과 같은 길이에요.

한강에 3개(이포보·여주보·강천보), 금강에 3개(세종보·공주보·백제보), 영산강에 2개(승촌보·죽산보), 낙동강에 8개(상주보·낙단보·구미보·칠곡보·강정보·달성보·합천보·함안보) 등 모두 16개의 보를 세웠어요.

또 강에 쌓인 퇴적물을 없앤다며 강바닥을 6미터 깊이로 퍼내는 준설작업을 하고, 강가에 콘크리트로 둑을 만들어 체육시설, 문화시설, 자전거길 등을 만들었지요. 하천을 깊게 파내는 작업을 '준설작업'이라고 하는데, 강의 모래와 자갈을 퍼내는 작업이에요.

4대강 살리기 사업의 목표는 기후변화에 대비해 홍수와 가뭄을 해결하고, 생태환경을 되살리고, 사람들이 쉬거나 활동할 수 있는 문화 공간과 일자리를 만들어 주는 것이었어요.

# '4대강 살리기 사업'의 문제점은 무엇인가요?

### 4대강이 녹조로 뒤덮였어요

'4대강 살리기 사업'의 가장 큰 문제점은 녹조예요. '녹조'는 물빛이 녹색으로 바뀌는 현상이에요. 질소나 인이 많은 호수나 하천에 엽록소를 가지고 광합성을 하는 세균인 남조류가 많이 늘어나기 때문이지요.

녹조는 온도가 20도 이상 높아지는 여름에 주로 발생해요. 여름에는 수온, 일조량, 인의 농도가 높아지기 때문이에요. 물에 떠다니는 남조류는 물이 흐르면 정상적으로 성장하지 못해요. 그러나 물이 흐르지 않으면 남조류가 발생해 2주 정도 지나면 물을 덮어 버리지요. 강이 보에 갇히자 강의 흐름이 10분의 1 정도로 느려져 남조류가 많아지면서 녹조현상이 일어난 것이에요.

4대강에 보가 완성된 후, 4대강에서는 물고기 떼가 죽는 일이 자주 일어났어요. 숭어, 누치, 눈치, 강준치, 모래무지, 끄리, 배스, 쏘가리 등도 죽었고, 오염에 강하고 산소가 부족해도 살 수 있다는 메기, 붕어, 미꾸라지 등도 죽었어요. 심지어 130센티미터의 초대형 메기의 사체가 발견되기도 했지요.

2012년 보가 완성된 후 금강에서 죽은 물고기 떼를 포대에 담았는데, 하루에 50포대에서 100포대가 나왔어요. 어떤 날은 800포대에서 1,000포대가 나오기도 했지요. 죽은 물고기들의 사체를 실어 나르는 데 5톤짜리 트럭이 필요할 정도였어요. 물고기뿐 아니라 고라니, 너구리, 새 등 여러 동물의 사체도 발견되었고요.

**녹조로 인해 식수 오염이 생겼어요**

녹조에는 '마이크로시스틴(microcystin)'이라는 독성물질이 들어 있어요. 마이크로시스틴은 청산가리의 100배에 달하는 독이에요. 사람의 몸에 들어가면 간질환, 위장염, 근위축성 측색경화증, 암 등에 걸릴 수 있다고 해요.

일본 신슈대학 박호동 교수는 "녹조물 2리터를 먹을 경우 사람도 동물도 사망한다"고 말했어요.

세계 선진국에서도 녹조물의 독소를 100퍼센트 제거하지 못한다고 했어요. 또 고도의 정수 처리를 한다 해도 남조류 세포가 정수 처리 과정을 빠져나와 정수된 물에 남아 있다고 했지요.

미국 캘리포니아환경청 보고서에 따르면, 녹조로 오염된 물에서 수상 레저를 하던 사람들에게 여러 가지 건강 문제가 발생했다고 해요. 녹조에 들어 있는 마이크로시스틴이라는 독성 때문이지요.

1996년 브라질에서는 이 독소에 오염된 물을 사용한 131명 가운데 52명이 사망했다는 보고도 있었어요.

세계보건기구(WHO)에서는 생체 실험 결과에 따라, 마시는 물의 마이크로시스틴 기준을 1피피비(ppb,

0.001ppm) 이하로 정했어요. 하지만 물고기들은 이 기준보다 10분의 1쯤 적은 수준에서도 피해를 입는다고 해요. 마이크로시스틴이 검출만 돼도 건강에 위협이 된다는 뜻이지요.

최근 우리나라 낙동강 본포 취수장 앞에서 취수한 강물에서는 8,600ppb의 녹조가 검출됐어요. 이는 미국 환경부 기준인 8ppb보다 1,000배나 되는 거예요.

## 농작물의 오염이 생겼어요

4대강이 흐르는 근처에는 논과 밭이 있어요. 그곳에서 배추와 무, 콩, 상추 같은 채소와 벼가 자라지요. 그 농작물들은 강에서 흐르는 물을 먹고 자라요.

그런데 강물이 담긴 농수로에서 썩는 냄새가 나요. 왜 그럴까요? 바로 녹조 물 때문이지요. 강에서 흘러온 녹조 물이 농수로를 거쳐 논밭으로 흘러가요. 그 물을 농작물

◀ **녹색 물감을 풀어 놓은 듯한 낙동강의 녹조** 4대강 살리기 사업으로 강이 보에 갇히자 강의 흐름이 10분의 1 정도로 느려져 남조류가 많아지면시 녹조현상이 일어난 것이에요. (사진·연합뉴스)

이 먹고 자라는 거예요. 그렇게 키운 농작물들은 모두 서울로 실려 가 마트에서 팔리게 된대요.

독일과 일본에서는 녹조 물로 지은 농작물인 벼, 보리, 상추, 배추, 무, 콩 등에 마이크로시스틴이 축적된다는 연구 결과를 발표했어요. 실제로 2022년 9월 《부산일보》에 낙동강 물로 키운 채소에서 마이크로시스틴이 검출되었다는 신문 기사가 나왔어요.

그뿐 아니라 수돗물에서도 마이크로시스틴이 검출됐다는 기사도 있고요. 녹조 물로 키운 농작물을 먹은 사람들은 암에 걸릴 수 있다고 해요.

**수변 생물이 멸종 위기에 처했어요**

강은 육지와 연결되는 곳이어서 여러 생물이 자유롭게 드나들 수 있어야 해요. 육지와 강을 직접 연결해 주는 곳을 '수변 습지'라고 부르지요.

육지에 사는 동물들이 물을 마시러 강가로 내려오고,

강에 사는 잠자리, 반딧불이, 개구리와 같은 생물들은 수변 습지를 거쳐 육지로 올라가요. 식물들도 차츰 수변 습지를 따라 육지로 올라가면서 제각기 살아갈 장소를 정해 가고요.

그런데 4대강 살리기는 물길을 직선으로 만들고 콘크리트 둑을 쌓아 강물과 땅을 끊어 놓았어요. 더러운 물을 정화하는 모래와 자갈도 퍼냈고요. 직선의 강에 고인 물이 썩어 가자 수많은 동식물이 죽어 갔어요.

단양부지깽이, 흰목물떼새, 재두루미, 남생이, 수달, 표범장지뱀, 흰수마자, 꾸구리, 미꾸리, 이빨대칭이, 미호종개, 묵납자루 등도 강에서 사라졌어요. 모두 멸종 위기 1, 2급 수변 생물들이에요.

**강이 호수나 늪처럼 변해 가요**

강물이 갇히자 물이 흐르는 속도가 느려지고 강바닥에 펄이 생겼어요. 그러자 괴생명체가 나타났어요. 바로 큰빗

**낙동강의 녹조를 피해 스티로폼 조각 위에 올라간 새** 4대강 살리기 사업으로 직선의 강에 고인 물이 썩어 가자 강을 터전 삼아 살아가던 수많은 동식물이 죽어 갔어요. (사진·연합뉴스)

이끼벌레예요.

큰빗이끼벌레는 1밀리미터의 작은 벌레들이 서로 합쳐져 한 덩어리를 이루며 살아가는 생물이에요. 젤라틴처럼 끈적거리고 악취가 나는 데다 크기가 축구공처럼 커져요. 물이 갇힌 댐이나 저수지, 호수에서 돌이나 수초 등에 붙어서 살거나, 녹조류나 동물성 플랑크톤이 많은 곳에 집단으로 번식하기도 해요. 수온이 25도일 때 급격히 번성하고, 수온이 15~16도로 떨어지면 덩어리가 흩어지면서 죽어요.

강바닥에 펄이 생기면서 연못이나 늪지에 사는 실지렁이, 깔따구, 종벌레도 생겼어요. 이런 생물들은 수돗물로 사용할 수 없는 4급수에 살아요. 이것은 강이 호수나 늪으로 변했다는 것을 말해 주지요. 실제로 그곳에는 흙탕물에 사는 연꽃도 피어 있었지요.

## 4대강을 다시 살리려면 어떻게 해야 할까요?

**4대강의 수문을 열거나, 차례차례 보를 해체해야 해요**

강은 모든 생명체의 핏줄과 같아요. 강을 살리기 위해서는 강이 흐르도록 해야 해요. 그러기 위해서는 물을 가두는 수문을 열거나, 차례차례 보를 해체해야 해요.

하지만 수문 개방이나 보 해체를 반대하는 이들도 있어요. 특히 농업용수 확보가 어려워질 것을 우려하는 농민들 반대가 크지요. 가뭄이 들 때는 보에서 물을 끌어다가 벼, 배추, 무, 콩, 상추 등 농작물을 키울 수 있거든요. 그런데 보를 개방하거나 해체해서 물이 빠지면 농작물이 말라죽을 수 있으니까요.

그래서 한국수자원공사에서는 수문을 개방할 때 농사

가 진행되는 과정을 보면서 수위를 조절하고, 양수기가 물을 끌어 올릴 수 있는 높이로 물을 흘려보내도록 조치하고 있어요. 또 현장에서 농민들과 협의를 통해 가뭄 상황에 대비할 수 있도록 대안을 마련하고 있지요.

보를 해체하려면 비용이 많이 들고, 시간도 오래 걸려요. 그렇기 때문에 이해관계가 얽힌 다양한 사람들의 의견을 경청하고 반대하는 사람들을 설득하며, 그들과 협의를 통해 이루어야 해요.

### 4대강 살리기 사업에 관심을 갖고 정보를 공유해요

4대강에 관한 책들을 읽거나 신문, 인터넷에 실린 기사도 찾아서 읽어 보세요. 가까운 4대강을 직접 탐방하거나 부모님과 함께 강물을 탐사해도 좋아요.

학생들이 실제로 자전거를 타고 대청댐에서 세종시를 거쳐서 공주시에 사는 《오마이뉴스》 김종술 시민기자를 찾아온 일이 있었대요. 신문이나 인터넷 기사에서 녹조, 큰

빗이끼벌레에 대해 읽고 직접 확인해 보러 온 거예요. 또 다른 학생들은 어항에서 큰빗이끼벌레를 한 달간 키우고 기록해서 과학기술대회에 응모해 장려상을 타기도 했대요.

'4대강 살리기 사업'으로 녹조, 수질 오염, 농산물 오염, 수변 동물 멸종 위기, 큰빗이끼벌레의 등장 등 여러 가지 문제점이 발견되었어요. 하지만 이런 문제점에 대해 의구심을 갖거나 잘 알지 못하는 이웃과 친구들이 많아요. 그런 이웃이나 친구들과 정보를 공유해야 해요. 메일, SNS, 인스타그램 등을 통해 친구들에게 알리는 방법도 좋아요. 그래야 더 많은 사람이 수문 개방에 동참할 수 있거든요.

**4대강 살리기 운동을 하는 환경단체의 기사를 읽고 응원 댓글을 달거나 기부해도 좋아요**

실제로《오마이뉴스》시민기자인 김종술 기자는 4대강

을 취재하면서 위험한 일을 당하기도 하고, 욕설을 퍼붓는 사람들도 많이 만났대요. 죽은 물고기 떼 때문에 악몽을 꾸기도 하고, 녹조를 먹고 두통과 가려움증으로 병원에 다니기도 했지요. 그때마다 환경 기사에 달린 응원 댓글을 보며 용기를 얻어 다시 취재에 임했대요.

  또 취재비가 없어 막노동을 하기도 하고, 컴퓨터와 모니터를 팔아 돈을 마련하기도 했대요. 그것으로도 취재비가 부족해지자, 여기까지만 하자고 생각했을 때 한 독자가 '좋은 기사 원고료'를 보냈대요. 그 독자의 후원으로 다시 취재를 시작할 수 있었대요.

📄🔍 다른 나라에서는?

**댐을 철거한 나라들**

**미국에서는 동시에 댐을 철거하기로 했어요**

　미국 서부 오리건주와 캘리포니아주를 가로지르는 클래머스 강에는 1909년부터 1962년까지 '퍼시픽에너지'가 세운 4개의 댐이 있어요. 이들 댐에서 얻은 전기로 그동안 지역에 전력을 공급해 왔으나, 강 흐름이 차단되면서 녹조현상, 물고기 떼죽음 문제를 일으켰지요. 녹조현상으로 인해 연어 7만 마리가 떼죽음을 당하는 일이 발생하면서, 강 회복을 위한 댐 철거 운동이 시작됐어요.

　주민들과 환경 단체는 오랫동안 댐 철거를 위해 목소리를 높였어요. 그 결과 미 연방에너지규제위원회는 4개 댐을 동시에 철거하는 방안을 최종 승인했어요.

　댐 해체는 2023년 시작돼 2024년까지 이루어졌어요. 댐이 모두 없어지자 수질 개선으로 강에 의존하는 원주민의 삶이 향상

되고, 400킬로미터가 넘는 연어 서식지가 회복되었다고 해요.

**일본에서는 아라세댐이 철거된 후 은어가 돌아왔어요**

일본 구마모토현 구마강에 있는 아라세댐은 1954년 3월에 지어진 댐이에요. 당시 일본 정부는 댐을 설치하면 홍수가 나지 않고, 어업이 잘 되고, 관광객이 늘어날 것이라고 말했어요.

하지만 댐 건설 후 1960~70년대에 잇따라 홍수가 발생했어요. 댐이 없을 때는 홍수가 나도 1층 문턱 정도까지 물이 올라왔는데, 아라세댐 건설 후 2층까지 잠길 정도로 수위가 높아졌어요. 예상하지 못한 재해에 주민들은 많은 피해를 입었어요.
  그뿐이 아니었어요. 댐이 생긴 후 바다에서 20킬로미터 떨어진 아라세댐 상류까지 올라오던 은어가 자취를 감췄어요. 새우잡이와 김 양식도 잘 안돼 어업을 포기하는 어민들이 늘어났지요.

그때부터 인근 지역 주민들은 40년이 넘도록 끈질기게 댐 철거 운동을 해 왔어요. 그 결과, 2012년 9월부터 댐 철거가 시작되어 2018년 3월에 완전히 철거됐어요.

**아라세댐이 철거된 일본 구마강** 40년 넘게 댐 철거 운동을 벌인 주민들의 바람대로 아라세댐이 철거되자, 물의 흐름이 빨라지면서 하천이 예전의 모습을 찾아 갔어요. (사진·damnationfilm.com)

　아라세댐이 철거되자, 물의 흐름이 빨라지면서 하천이 예전의 모습을 찾아 갔어요. 댐에 막혀 모래가 흘러 내려가지 않으면서 질퍽했던 하류의 하구도 제 모습을 되찾게 되었고, 주말마다 많은 관광객이 찾는 명소로 바뀌었지요.

## ✉ 작가의 편지

**4대강이 다시 흐르도록 우리 모두 힘써야 해요**

강물을 마시고 쓰러진 엄마 너구리는 어떻게 되었을까요?
다행히도 야생동물 병원에서 응급 치료를 받은 덕에 목숨을 건질 수 있었대요. 물론 몸이 완전히 나을 때까지는 더 치료를 받아야 하지만요.

지구는 모든 생명체들이 얽혀 있는 생명그물과 같아요. 우리 주변의 모든 생명들이 한 몸처럼 다 연결돼 있으니까요. 강이 죽으면 그 물을 마시는 물고기들이나 새, 너구리, 고라니 등이 죽게 돼요. 사람들 역시 그 물을 마시고 물고기를 먹기 때문에 병들거나 죽게 되지요.
모든 생명체들이 건강하게 살려면, 생명체의 생명줄인 4대강이 다시 흐르도록 우리 모두 힘써야 해요.

# 4 허베이 스피리트호 기름 유출 사건

## 바다가 기름으로 뒤덮였어요

"와, 바다다."

시은이는 바다를 향해 달렸어요. 시원한 바닷바람이 얼굴을 스치자 날아갈 듯 기분이 좋아졌어요. 시은이는 아빠의 휴가에 맞춰 이곳 태안으로 가족 여행을 왔어요.

"음, 바다 냄새, 바람도 시원하고 바닷물도 깨끗하고 역시 바다는 내 취향이야. 이제부터 여긴 내가 접수한다."

"어 저게 뭐지?"

너른 갯벌에 둥글둥글한 구슬이 모여 있었어요. 고개를 돌리는 곳마다 모래 구슬 천지예요. 크기도 고르고 앙증맞은 걸 보니 누군가 손재주가 뛰어난가 봐요. 시은이는 그 자리에 서서 구슬 주인을 찾았어요.

"흥, 누구 맘대로?"

갑작스러운 소리에 시은이는 눈을 동그랗게 떴어요. 주위를 둘러보니 동글동글한 모래 구슬 아래 달랑게 한 마리가 보였어요.

"너 왜 그러니? 네가 무슨 상관인데?"

"인간들은 나빠. 바다가 검은 눈물을 흘리게 만들어 놓고 제멋대로 굴잖아."

달랑게 왕눈이가 집게발을 높이 들었어요. 시은이는 깜짝 놀랐어요.

"그게 무슨 말이야? 사람들이 언제 바다를 울게 했다는 거야?"

시은이는 달랑게의 말이 믿기지 않았어요. 눈앞에 보이는 바다는 맑고 푸르렀거든요.

"지금부터 바다가 왜 검은 눈물을 흘리게 됐는지 잘 들어보라고."

달랑게 왕눈이는 궁금해하는 시은이를 보더니, 사람들 때문에 괴로워하는 바다 이야기를 들려주겠다고 했어요.

## 우리나라 최대의 기름 유출 사고

### 허베이 스피리트호 기름 유출 사고

2007년 12월 7일 오전 7시경, 태안 앞바다에서 닻을 내리고 머무르던 유조선, 홍콩 선적의 허베이 스피리트호에 삼성중공업 소속 해상 크레인이 충돌하면서 많은 양의 기름이 바다로 흘러나왔어요. 이때 배에서 흘러나온 원유는 1만2,547킬로리터(1만900톤)로, 지금까지 우리나라에서 일어난 해양 사고 중 가장 큰 기름 유출 사고예요.

삼성중공업은 인천대교 공사를 마친 해상 크레인 2대를 예인선 2척으로 끌고 경남 거제까지 가려고 새벽에 출발했

**허베이 스피리트호 기름 유출 사고** 2007년 12월 7일, 태안 앞바다에서 홍콩 선적의 유조선 허베이 스피리트호가 해상 크레인과 충돌하면서 엄청난 양의 기름이 바다로 유출되는 사고가 일어났어요. (사진·연합뉴스) ▶

어요. 그때 서해 먼바다에는 4미터 높이의 파도가 예상되어 파랑주의보가 내려진 상태였지요. 시간이 지날수록 바람과 파도가 세지자 인천항으로 들어가려고 했지만, 해상 크레인을 연결한 예인선의 줄이 끊어져 실패하고 말았어요. 결국 예인선은 남쪽으로 계속 떠밀려 가다가 정박 중이던 초대형 유조선 허베이 스피리트호와 충돌한 거랍니다.

### 왜 선박 충돌 사고가 일어났을까요?

사고가 일어난 가장 큰 원인은 당시 파랑주의보가 내려진 상태에서 삼성중공업 측에서 무리하게 해상 크레인을 끌고 가는 작업을 강행한 것이에요.

무동력선인 예인선이 대형 크레인을 와이어로 연결하여 끌고 가는 것은, 거센 바람과 높은 파도가 치면 불가능한 일이에요. 그런데도 이를 무시하고 항해하다 통제력을 잃고 표류하던 예인선이 와이어가 끊어지면서 유조선과 충돌하고 말았어요.

 허베이 스피리트호 역시 충돌 가능성과 기름 유출에 대한 우려가 있는데도, 적극적으로 방어하지 않은 책임을 면할 수 없어요. 알고 보니 위급한 상황에서 닻줄 길이 조정과 같은 소극적인 행동만 했던 이유는 주기관에 이상이 있어서였어요. 충돌 전날, 주기관에 문제가 있다는 걸 알았으면서도 내버려 둬서 사고를 제대로 막을 수 없었던 거지요.

 **바다는 어떻게 되었어요?**

 해상 크레인과의 충돌로 허베이 스피리트호에는 3개의 구멍이 뚫렸고, 기름이 바다로 흘러나왔어요. 구멍을 막아야 했지만 높은 파도와 풍랑 때문에 적절하게 대응하지 못했지요.
 기름띠를 막을 수 있는 방어 펜스를 설치하는 것도 어

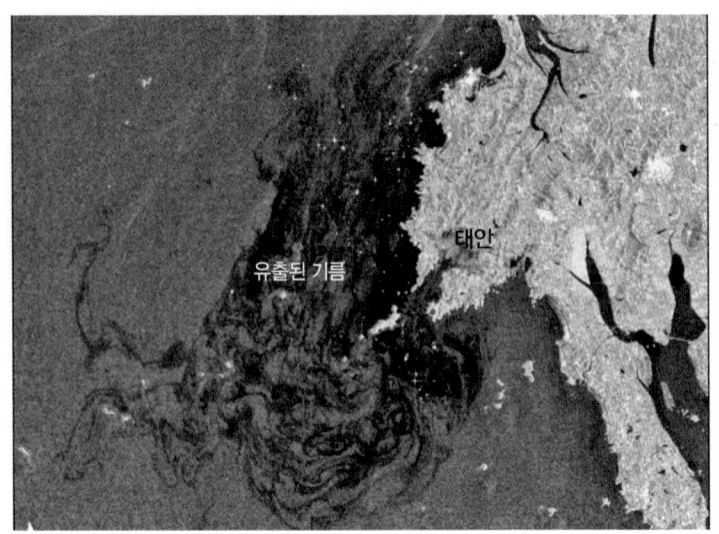

**태안 앞바다를 뒤덮은 기름** 허베이 스피리트호에서 유출된 1만 톤이 넘는 원유는 순식간에 만리포와 태안군의 바다 전체를 뒤덮었어요. (사진·위키피디아)

려웠어요. 순식간에 1만 톤이 넘는 원유가 바다를 덮었고, 기름은 더 넓게 더 멀리 퍼져 나갔어요. 바람을 타고 남쪽으로 흘러가던 기름은 시간이 흐르면서 덩어리 형태로 변했어요.

만리포와 태안군 바다 전체는 기름으로 뒤덮였고, 충

남 서해안을 넘어 군산, 목포, 제주도 근처까지 퍼져 나가면서 피해는 눈덩이처럼 커졌어요. 짙은 기름띠는 만리포, 천리포, 모항, 안흥항과 가로림만 안면도까지 유입되었고, 세계적인 철새 도래지인 천수만까지 위협받았어요.

 이렇게 빠르게 바다가 오염된 것은 워낙 많은 기름이 흘러나온데다, 북서풍이 강하게 불고 파도가 높았기 때문이었어요.

## 해양 오염 사고의 문제점

이 사고는 법률상으로 '허베이 스피리트호 기름 유출 사고'이지만, '태안 앞바다 기름 유출 사고'라고 불리는 경우가 많아요. 사고를 낸 삼성중공업이나 허베이 스피리트호 이름 대신 태안이라는 지명을 사용하고 있어요. 태안 하면 기름 유출 사고가 떠오를 정도니, 피해를 본 태안 입장에서는 더욱 억울하기만 합니다.

삼성중공업은 사고를 일으킨 해상 크레인이 자사 소유임에도 사고 초기에 책임을 회피하는 모습을 보여 주었어요. 언론에서도 사고의 원인을 제공한 사람이나 책임자에 대한 보도보다는 자원봉사자들의 봉사 활동에 초점을 맞춰 본질을 흐리게 만들었지요.

여러 가지 상황을 놓고 보았을 때, 이 사고는 기본적인

**바다로 유출된 기름을 치우는 자원봉사자** 사고 초기 자원봉사자들이 제대로 된 보호 장비도 없이 독한 원유를 헌 옷으로 닦기도 했어요. (사진·위키피디아)

안전 수칙을 지켰다면 일어나지 않을 수도 있었어요.

설마 하는 안전 불감증과 안이한 대처가 빚어낸 사람이 만든 재난이라고 할 수 있어요. 만약 항해하는 중간에라도 급히 인천항이나 가까운 항구로 피했다면 사고를 막을 수 있었을 거예요.

충돌 직후 기름이 유출되었을 때도 긴급 수선을 하거나 기름띠의 확산을 막을 수 있는 방어 펜스를 설치했더라면 해양 오염을 크게 줄일 수 있었을 거라는 아쉬움이 남아요.

기름이 바다로 유출된 사고 초기에는 자원봉사자들이 제대로 된 보호 장비도 없이 독한 원유를 닦는 경우가 있었어요. 장비가 부족해서 보호 장구를 돌려쓰거나 헌 옷으로 기름을 닦기도 했어요. 이는 각 기관의 역할 분담에 대한 기준이 마련되지 않아 벌어진 일이었어요.

# 기름 유출 사고로 입은 피해

## 신음하는 바다

 물에 뜬 기름은 바다로 가는 햇빛의 양을 감소시켜 광합성을 방해해요. 그래서 해조류나 식물성 플랑크톤의 성장이 어려워요. 기름 막 때문에 바다에 녹아 있는 산소량이 부족해서 생물들은 호흡하기 힘들어지지요. 또 기름에 포함된 독성과 기름을 중화시키는 분산제는 식물성 플랑크톤의 활동을 어렵게 해요.
 특히 태안 앞바다는 바다 깊이가 낮아서 원유가 바다 밑까지 들어가 그곳에 사는 생물들의 서식지가 파괴되었어요. 또 많은 바다 생물들의 먹이인 해초와 대합, 성게, 갯지렁이들도 손상되었지요. 기름이 밀려든 갯벌과 모래사

**기름 범벅이 된 뿔논병아리** 바다에 퍼진 기름 때문에 논병아리나 오리, 가마우지, 갈매기처럼 바다나 연안 습지에서 활동하는 새들은 기름을 뒤집어쓰고 서서히 죽어 갔어요. (사진·연합뉴스)

장에 사는 조개나 게들 역시 살아남지 못했어요.

바다에 퍼진 기름 때문에 논병아리나 오리, 가마우지, 갈매기처럼 바다나 연안 습지에서 활동하는 새들은 기름을 뒤집어쓰고 서서히 죽어 갔어요. 그중에서 2007년 12월 8일 태안에서 발견된 뿔논병아리는 기름 범벅이 된 채

가쁜 숨을 몰아쉬고 있었어요. 그 사진을 본 사람들은 태안 사고의 심각성을 몸으로 느꼈어요. 뿔논병아리는 구조된 지 얼마 되지 않아 생을 마감했어요.

이런 새들은 기름 오염에 대한 대처 능력이 없는 경우가 많아요. 새들은 일단 깃털에 기름이 묻으면 깃털이 서로 엉키고 물에 젖어 날지 못해요. 그러다 저체온증으로 죽게 되지요. 또 생존 위협을 느낀 새들은 날지 못한 채 다이빙하거나 부리로 날개를 다듬다 기름을 먹어 소화 장애가 오고 빈혈을 일으켜요.

바다에서 사는 새들은 대개 해안가나 섬에서 무리를 이루며 살거든요. 기름을 먹은 새의 피해는 곧 전체 무리에 영향을 주게 되지요. 그리고 모래 해안 지역에서 먹이를 찾는 큰고니와 말똥가리 같은 멸종위기종 역시 오염된 먹이를 먹어 피해를 봐요.

## 사람들이 입은 피해

이 사고로 가장 큰 피해를 본 태안 지역은 동쪽을 제외한 삼면이 바다에 닿아 있고, 구불구불한 모양의 리아스식 해안선을 이루고 있어요. 우리나라 해안국립공원 중 하나인 태안해안국립공원에 속해 있고, 긴 해안선과 120개의 크고 작은 섬, 32개의 해수욕장 그리고 42개의 항·포구가 자리하고 있지요. 태안 지역은 한 해에 수백만 명의 관광객이 다녀갈 정도로 관광산업이 발달한 곳이에요. 그리고 일 년 내내 풍부한 해산물을 만날 수 있고, 바지락, 굴, 김, 볼락, 전복을 키우는 양식장이 많은 것이 특징입니다.

태안을 비롯한 서해안 지역은 어민 대부분이 갯벌에서 조개를 잡거나 어업 활동을 하면서 생계를 잇는 곳이에요. 하지만 사고가 난 이후 어민들은 삶의 터전인 바다를 송두리째 잃어버렸어요. 실제로 갯벌에서 수산물을 채취하는 맨손어업의 피해는 수산 분야 피해의 80퍼센트를 넘을 정도로 컸어요.

　양식업의 피해 역시 심각했어요. 서해안에서 양식된 굴은 상품 가치를 잃어버렸고, 덩달아 우리나라에서 생산된 양식 굴의 상품 가치까지 함께 하락했어요. 양식장이 철거되었고, 철거 후에 폐기할 양식 굴에 대한 가공, 판매도 금지되었어요. 바지락 양식장과 천수만 해상 가두리양식장에서도 바지락과 물고기가 떼죽음을 당했어요.

　태안은 아름다운 해수욕장과 음식 산업이 발달해 관광과 음식 산업으로 유명한 관광지예요. 하지만 사고 이후 관광객들의 발길이 끊어져 숙박업과 음식점 역시 큰 타격을 입었어요.

　결국 주민들 대부분은 생태, 환경, 경제, 문화, 건강, 관광 등 자신들이 처한 모든 환경에서 직, 간접적으로 피해를 보았어요. 환경이 파괴되고 어업 활동을 할 수 없어 경제적 어려움을 겪었고, 생계를 유지하기 힘들었어요.

## 다시 꾸는 꿈

　많은 사람이 이전의 바다 모습을 되찾기 위해서는 많은 시간이 걸릴 거라고 예상했어요. 하지만 123만 명의 자원봉사자들의 노력 덕분에 짧은 시간 안에 이전의 모습을 되찾을 수 있었어요.

　정부에서는 2014년을 기점으로 태안을 포함한 유류 오염 피해 지역의 완전한 회복을 선언했어요.

　2016년에 국립공원관리공단에서는 태안해안국립공원 바다에서 100마리가 넘는 상괭이를 발견했다고 발표했어요. 돌고래의 일종인 상괭이는 웃는 모습으로 유명한데 국제멸종위기종이기도 해요. 상괭이의 발견은 이 일대의 해양 생태계가 기름 오염 사고의 피해에서 벗어났다는 걸 의미하지요.

## 함께 검은 바다의 눈물을 닦는 사람들

 허베이 스피리트호 기름 유출 사고는 많은 사람에게 절망을 안겨 주었어요. 평생을 바다에 기대 살아온 지역 주민들은 삶의 터전인 바다가 새카맣게 변해 가는 모습을 보는 것만으로도 삶의 의지가 꺾이는 일이었지요. 우리 바다가 죽어 가는 것을 보는 일반 시민들 역시 고통을 받았어요. 하지만 피해 면적이 너무 넓어서 해결책을 찾기가 어려웠어요.

 그런데 피해 소식이 언론을 통해 전해지자 전국에서 하루 3만~5만 명이 넘는 자원봉사자들이 피해 현장을 찾았어요. 군인, 대학생, 수능 끝난 고 3, 부녀회, 종교단체 등의 자원봉사자들은 해안의 기름띠를 제거하고 자갈이나 암반에 붙어 있는 기름을 닦아 냈지요.
 전국에서 자원봉사를 온 초등학생들도 많았고 태안 지역의 중, 고등학생들도 수학여행, 졸업여행을 반납하고 바

**힘을 모아 기름을 치우는 자원봉사자들** 전국에서 자원봉사를 온 초등학생들도 많았고 태안 지역의 중, 고등학생들도 수학여행, 졸업여행을 반납하고 바다를 살리는 데 앞장섰어요. (사진·위키피디아)

다를 살리는 데 앞장섰어요. 대학생들은 과 모꼬지와 신입생 오리엔테이션을 이곳에서 자원봉사 하는 걸로 대체했고, 대학병원에서는 의료봉사단을 꾸려 주민과 봉사자들을 진료하기도 했어요.

인도네시아, 파키스탄, 방글라데시 출신 외국인 노동자들은 2004년 쓰나미 사고 때 한국인들이 도움 준 것을 갚고 싶다며 봉사에 참여하기도 했습니다.

　인터넷에서도 자원봉사 지원자를 모집하는 카페가 여러 개 생겼어요. 그중 태기봉(태안군 기름방제 봉사단)은 회원 6,500여 명을 모집해 봉사활동을 했고, 태안사랑봉사단 역시 1,700여 명의 회원들이 체계적으로 봉사활동을 펼쳤어요. 누리꾼들은 태안 자원봉사와 관련한 UCC(사용자가 직접 만든 콘텐츠)를 제작해서 자원봉사에 힘을 보탰어요.

　자원봉사자와 지역 주민들은 세찬 바람과 심한 추위도 아랑곳하지 않고 방제 작업을 계속했어요. 초기에는 쓰레받기와 눈 빗자루로 기름을 쓸어 냈고, 양동이나 바가지로 기름을 퍼 담기도 했어요. 기름을 쓸어 담고 퍼 담는 일은 자원봉사자의 수가 많아서 가능한 일이었어요. 나중에는 그물망, 볏짚, 숟가락, EM(이로운 미생물)과 같은 방제에 필요한 물품을 활용해 기름을 없앴어요.

　기름이 제거되는 만큼 사용했던 부직포나 마스크 고무

장갑 등의 폐기물도 점점 늘어났어요. 양이 워낙 많아 운반할 차까지 옮기는 것도 큰일이었죠. 자원봉사자들은 인간 띠잇기로 물건을 옮겼어요.

전국에서 많은 자원봉사자가 몰려들자 숙소와 편의시설, 방제 물품이 부족했어요. 숙박업소에서는 무료로 혹은 적은 비용으로 시설을 제공했고, 지역 주민들은 봉사자들이 집과 화장실을 자유롭게 이용할 수 있도록 했어요. 학교 운동장은 주차장으로, 교실은 자원봉사자들이 쉴 수 있는 공간으로 활용했지요.

자원봉사자들은 방제 물품이 부족하다는 것을 알고 부직포나 헌 옷가지를 직접 가져왔어요. 또 장화 물려주기와 같이 부족한 물품들을 공유하고 가져온 음식을 나누었어요. 전국에서 라면, 빵, 음료수 등의 생필품과 구호 물품을 택배로 보내온 것도 봉사자와 지역 주민들에게 큰 도움이 되었어요.

버스 회사는 버스를 제공하고 어부들은 어선을 지원했

지요. 사고가 일어난 후부터 마무리될 때까지 피해를 본 어민들은 배 1만1,000여 척, 트랙터 1,300여 대, 경운기 2,800여 대를 지원했어요. 그리고 서해안의 바다 전체에서 기름 덩어리들을 건져 냈어요.

전국 각지에서 몰려온 123만 명의 봉사자와 지역 주민들의 노력으로 최소 10년은 걸릴 것이라던 작업이 두 달만인 2008년 2월에 어느 정도 성과를 거두었어요.

태안군에서는 생태환경 회의를 열고 해외의 방재 전문가에게 조언도 받았어요. 방송국에서는 태안 어민들을 위한 모금행사를 열었어요.

정부에서도 40여 개 지역의 오염 조사와 방재 작업에 나섰어요. 피해 지역을 재난지역으로 선포하고 세금 혜택을 주었어요. 재난을 당한 장병에게 휴가를 주고 자원봉사자를 태운 차는 고속도로 통행료를 면제하는 방법 등으로 지원에 힘을 쏟았지요.

유엔에서도 오염 해안을 세세하게 조사한 뒤, 방제 기법과 오염 평가 결과를 소개해, 바다를 빠르게 복원하는 데 도움이 되는 제안을 하기도 했어요.

이런 모든 노력 덕분에 사고 후 7년이 지나 어장을 복구하고 다시 양식업을 시작할 수 있었어요.

**기름으로부터 바다를 지키려면 어떻게 해야 할까요?**

허베이 스피리트호 기름 유출 사고는 우리에게 바다의 소중함을 깨닫게 해 주었어요. 바다가 사라지면 지구상의 모든 생명체 역시 존재할 수 없어요. 바다를 오염시키는 기름 유출 경로, 방제 대책과 예방책을 알아봐요.

배로 물자를 옮기는 경우가 많아지면서 기름으로 바다를 오염시키는 사고가 점점 늘어나고 있어요. 해마다 약 250건의 사고가 일어나고, 기름이 새는 양이 평균 약 310킬로리터라고 해요. 한번 사고가 날 때마다 1,000리터 우유 팩 310개 분량의 기름이 바다를 덮는 거지요.

**오염된 바다를 치우는 사람들** 기름 유출로부터 푸른 바다를 지키려면 바다를 오염시키는 기름 유출 경로, 방제 대책과 예방책을 미리 알고 철저하게 준비해야 해요. (사진·위키피디아)

 기름이 바다로 유출되는 데는 세 가지 경로가 있어요.

 첫째, 배가 물에 잠기고 부서지는 경우예요. 배가 암초나 다른 배와 부딪히는 경우 기관실에 바닷물이 들어오지요. 그러면 공기 구멍, 연료 탱크, 관을 통해 기름이 새어 나가요. 또 부품에 금이 가서 기름이 빠져나갈 수도 있어요.

둘째, 자동차에 기름을 넣듯이 배에도 연료가 필요해요. 그런데 배에 기름을 넣거나 연료를 운반하는 과정에서 부품에 문제가 있거나 잘 다루지 못해 기름이 유출될 수가 있어요.

셋째, 불법으로 폐유를 처리하는 거예요. 많은 산업단지에서 공장 폐유를 하천으로 몰래 버리는 경우가 있어요. 또 선박의 폐유를 바다에 버리는 경우도 잦다고 해요.

바다에 흐르는 기름을 처리하려면 방제선이 필요해요. 방제선은 방제 작업 장치를 갖춘 배를 말합니다. 해양 오염 사고가 발생하면 사고가 일어난 곳으로 가 방제 작업을 하지요.

방제선 안에는 오일펜스와 유회수기, 유흡착제가 있어요. 오일펜스는 사고 장소 밖으로 기름이 퍼지지 않도록 가둬요. 그리고 가둔 기름을 유회수기로 빨아들입니다. 유흡착제는 합성수지 재질의 섬유로 만든 도구예요. 유흡착제를 기름 위에 올려 기름을 빨아들이는 거지요.

유출된 기름을 처리하는 것보다 더 중요한 건 기름이 유출되지 않게 예방하는 것이에요.

먼저 오랫동안 운행하지 않고 바다에 방치하는 배에 관심을 기울여야 합니다. 이런 배들은 배가 녹슬거나 썩어서 바다에 잠기거나 가라앉으면 기름이 유출되는 경우가 많거든요. 그래서 육지로 옮기거나 폐유를 처리해서 기름이 바다로 흘러가지 않도록 관리해야 해요.

또 배 밑바닥에 고이는 기름 섞인 물을 몰래 바다에 버리는 경우가 많아요. 적법한 기준과 방법으로만 배출해야 바다 오염을 줄일 수 있어요.

# 다른 나라에서는?

**모리셔스 해안 기름 유출 사고**

2020년 8월에 아프리카 인도양의 섬나라인 모리셔스 해안에서 일본 화물선이 산호초에 부딪혀 기름이 유출되었어요. 전체 인구가 130만 명에 불과한 작은 섬 앞바다에서 배가 두 동강이 나 1,000톤이나 되는 기름이 바다를 오염시킨 거예요.

사고 원인은 승조원이 와이파이에 접속하려고 육지에 접근하다가 좌초된 것으로 알려져 있어요. 모리셔스 해안 경비대에서 배가 산호초에 너무 가까이 간다고 경고했지만, 응답이 없었다고 해요.

사고 이후 주민들과 자원봉사자들은 직접 양동이와 삽을 들고 바다로 들어가 기름을 퍼냈고, 게스트하우스 운영자들은 자원봉사자에게 무료로 숙박을 제공했어요.

머리카락이 기름을 흡착하는 데 도움이 된다는 사실이 알려지자 모리셔스 주민들은 자발적으로 머리카락을 잘랐어요. 또 미용실에서도 머리카락을 기부하는 사람에게는 이발 비용을 할인해 주었고, 머리카락을 기부하면 상품권을 주는 기업도 있었어요. 사람들은 자른 머리카락을 스타킹에 담아 바다에 던졌어요.

　유출된 기름이 해안에 도달하는 걸 막으려고 임시 울타리를 만들었어요. 지역 곳곳에서 사탕수수잎을 모아 모리셔스로 보내면 주민들이 사탕수수잎을 자루에 넣고 바늘로 꿰매 잇는 식이었어요. 수백 미터나 되는 울타리는 주민 수십 명이 줄지어 들고 바다로 옮겼어요.

　산호초로 둘러싸인 섬 모리셔스는 인도양의 보석이라고 불릴 만큼 아름다워요. 게다가 사고가 일어난 지역은 중요한 습지를 보존하는 람사르 협약에 지정된 구역도 있고, 다양한 희귀 생물이 사는 것으로 유명한 블루베이해양공원 보호구역 근처로 청정 보호구역으로 지정돼 있는 곳이에요. 하지만 이번 사고로 기름이 맹그로브숲과 모래사장에 달라붙어 모리셔스에서 '환경 비상사태'를 선포했어요.

　국제 환경 단체 그린피스는 "라군(석호) 주변에 사는 수천 종의 생물이 사라질 위험에 처했다"며 "모리셔스의 경제, 식량 안보, 보건에도 심각한 결과를 초래할 것"이라고 걱정했어요.

## ✉ 작가의 편지

### 기름 유출이 일어나지 않도록 예방하는 게 중요합니다

우리는 지구를 푸른 행성이라 부릅니다. 멀고 먼 우주에서 봤을 때 푸른 바다가 아름다워 붙인 이름이지요. 바다에는 수많은 생명체가 살고 있어요. 사람 역시 바다에 기대어 살고 있지요. 그런데 바다를 오가는 사람들의 활동이 소중한 바다를 해치는 경우가 많습니다. 그중 가장 대표적인 것이 기름에 의한 오염이에요.

2007년에 태안 앞바다에서 발생한 허베이 스피리트호 기름 유출 사고는 우리나라에서 가장 심각한 바다 오염 사고였어요. 바다에 살고 있던 생물들이 기름을 뒤집어쓰고 죽어 가고, 조개나 물고기가 썩어 가며 나는 냄새와 독성물질로 갯벌과 바다는 황폐해졌지요.

바다가 삶의 터전이었던 어민들은 생계가 막막해지고 절망에 빠졌어요. 아름답고 깨끗했던 바다가 새카만 기름 범벅이

돼가는 걸 지켜보는 국민은 마음이 아팠고, 사고 처리 과정에서도 여러 가지 사회 문제를 만들었습니다.

　그런데 그 소식을 들은 자원봉사자들이 오염된 바다로 몰려왔어요. 수십만 명의 국민이 추운 겨울 바닷가에 앉아서 기름 띠를 제거했어요. 이런 노력 덕분에 죽어 가던 바다가 생명이 살 수 있는 곳으로 회복되었습니다.

　이처럼 바다가 사라지면 지구상의 모든 생명체 역시 살 수가 없어요. 우리에게 없어서는 안 될 바다를 지키기 위해서는 기름 유출이 일어나지 않도록 예방하는 게 중요합니다. 꾸준한 관심과 주의를 가지고 바다를 지켜보고, 문제가 있을 때는 빠르게 알려 피해를 막아야겠지요.

# 5 미군 기지 오염 사건

## 미군 기지도 우리 땅, 그런데 오염이 심각해요

"두리야, 아직도 네 엉덩이가 돌처럼 딱딱해. 몸무게 때문에 뒷다리가 굽었어!"

오빠 두더지 두종이는 걱정스러운 얼굴로 말했어요.

"이젠 앉아 있기도 어려운걸, 오빠. 이젠 허리까지 딱딱해지는 것 같아."

늘 밝고 쾌활하던 두리는 요즘 얼굴 펴지는 날이 거의 없었어요. 고통이 심한가 봐요.

"어쩌냐? 네가 흙 속에 있는 걸 아무거나 가리지 않고 먹어 걱정이었어."

"나만 그런 게 아냐. 오빠 등도 만만치 않아. 털 빠진 데 부스럼까지도 생겼잖아."

두종이와 두리는 아시아에서만 살고 있는 극동두더지

남매예요. 얼마 전부터 두종이는 몸이 울긋불긋해지는 피부염, 두리는 몸이 딱딱하게 굳는 병을 앓고 있어요.

"이 부대 안이 문제인 것 같아. 내가 한 번 밖으로 나가 볼게."

두종이가 살고 있는 '캠프 캐이시' 부대는 3·8선 비무장지대에 가까운 곳에 있어요. 햇빛이 잘 들고 기름진 땅이지요.

지금 두종이의 나이는 3살. 사람으로 치면 40살 정도의 나이예요. 두종이네 가족은 계속 부드럽고 영양가 많은 땅을 찾아다니며 살았는데 25대조 할아버지부터 이곳에 살게 되었대요. 두종이네 할아버지가 이곳에 정착한 것은 6·25전쟁 후였는데, 비슷한 미군 기지들이 3·8선 이남 지방에 83개나 되었답니다. 그리고 그곳엔 28,500명이나 되는 미국 군인들이 살고 있어요.

그러니까 두종이네 할아버지들이 태어나 살고 죽던 83년 동안 이곳엔 엄청난 수의 군인들이 들락거린 거지요.

(사진·픽사베이)

시간이 가면서 부대 주둔지 시설은 낡게 되었고, 거기서 흘러나온 환경오염 물질이 주위 토양에 나쁜 영향을 주었을 것이라고 추측할 수 있어요.

두종이는 잔디가 깔려 있는 부드러운 흙을 파헤치면서 부대 정문 쪽으로 나가 보았어요. 앰프에선 큰 음악 소리가 들렸어요.

부대 정문에는 500명이 넘는 많은 사람들이 모여 있었습니다. 여러 환경 단체들과 지역 주민들이 계속 시위를 하는 중인데, 큰 음악 소리와 그보다 더 큰 고함 소리를 들을 수 있었어요. 사람들은 외쳤어요.

"부대 안을 개방하라!"
"미군 기지 안도 우리 땅, 토양 검사를 받아라!"

## 미군 기지 기름 유출 사건

2001년 1월, 서울 용산 미군 기지 옆 지하철 6호선 녹사평역 터널 속 맨홀로 시커먼 기름이 흘러들기 시작했어요. 당시 주변 미군 기지에서 흘러나온 기름이 지하 15~17미터까지 스며들었고, 일대의 지하수에 섞여 미군 기지에서 200미터가량 떨어진 녹사평역까지 흘러간 걸로 확인되었어요.

이를 확인한 서울시는 "미군 기지 내 오염원에 대한 조사를 한 후 정화하는 것이 반드시 필요하다"며 환경부에 공문을 보냈고, 환경부는 빠른 시일 내 기지 안 오염원을 확인할 수 있도록 '미군 측과 협의'해 줄 것을 요청했어요. 하지만 정화 작업이 끝난 후에도 오염원이 제거되지 않았

**용산 미군 기지의 기름 유출 사고를 항의하는 시민들** 미군 기지에서 흘러나온 기름이 약 200미터 떨어진 녹사평역까지 흘러갔지만, 미군 측은 아직 제대로 된 답변을 내놓지 않고 있어요. (사진·연합뉴스)

어요.

서울시는 공문을 통해 "오염 지하수를 계속 정화했지만, 미군 기지 담장 주변에서 TPH(석유계 총탄화수소)가 최대 8060.13mg/L나 검출됐다"며 문제는 미군 기지 안이라는 걸 강조했어요.

그래서 한국 정부는 한·미 환경분과위원회를 열어 합동 조사를 하자는 내용을 주한 미군 측에 보냈어요.

하지만 미국은 20여 년이 지난 지금까지도 답변을 내놓지 않았어요. 결국 서울시는 시 예산으로 정화 작업을 진행한 뒤 법무부를 상대로 소송을 제기하고 비용을 돌려받는 일을 반복하고 있어요.

## 미군 기지 오염은 대책 없이 반복되고 있어요

### 기름 유출 사고

미군 기지에서 생긴 토양 오염의 가장 큰 문제점은 근본적인 해결책 없이 반복된다는 거예요. 기름 유출 점검이 계속 필요하지만, 한국 정부나 지자체는 미군의 허가가 없으면 오염 유발 시설을 살펴볼 수 없어요. 미군 쪽에서 하는 점검은 주한 미군 환경 관리 기준(EGS)에 따라 진행되는데, 이것 또한 우리나라 정부가 확인하지 못하고 있어요.

녹사평역 사고(2001년) 당시 미군은 기지 내부의 오염원을 모두 제거하고 정화했다고 발표했어요. 그러나 5년 후인 2006년 양수 처리 중인 녹사평역 지하수를 자체 조사한 결과, 발암물질 벤젠은 5개 조사 지점에서 기준치의 최저 14.8배에서 최고 1,988배까지 초과한 양이 발견되었어요. 그렇다면 지금도 어디선가 계속 기름이 새고 있을 가능성이 많아요.

우리나라의 오염 유발 시설은 모두 지자체에 신고해야 할 의무가 있고, 정기적인 점검과 보고가 되어야 해요. 반면 미군 기지 유류 시설들에 대한 직접 점검이나 미군 측 점검 결과를 확인하는 간접 점검도 할 수 없는 상황이에요.

미군 기지에서 발생하는 가장 많은 환경오염 사고는 기름 유출로 인한 오염이에요. 1998년부터 미군 기지에서 발생한 환경오염 사고 중 77퍼센트가 기름 유출이었어요. 미군 쪽도 이를 심각하게 여기고 지하 유류 저장소를 지상으로 전환하거나 대체 연료를 도입하는 정책을 추진하고 있어요.

주한 미국 공군은 2004년 10월 1일까지 오산, 군산 미국 공군기지에서 지하 저장 탱크를 지상화하고, 보수하거나 제거하는 작업을 하겠다고 발표했어요.

모든 미군 기지에서 크고 작은 유류 저장소가 가장 일반적인 오염 유발 시설이며, 시간이 갈수록 저장소가 낡기 때문에 앞으로도 계속 기름 유출 문제가 생길 거예요.

그런데도 주한 미군 관련 정보는 군사상, 외교상의 비밀을 이유로 공개되지 않아요. 환경 정보에 대해서도 '한미 주둔군 지위 협정(SOFA)' 조항을 근거로 공개하지 않고 있어요.

'한미 주둔군 지위 협정(SOFA)'은 미국 쪽에만 일방적으로 유리한 불평등 협정으로 악명이 높아요. 이 협정에 따라 우리나라는 미군 기지에 필요한 공간을 무조건 제공해야 하지만, 미국은 그 공간에 대한 환경오염에 대해 아무런 책임도 지지 않고 있어요.

### 고엽제 매몰 사건

또 다른 오염원 '고엽제'에 대해 들어본 적 있나요? 고엽제는 나무나 식물을 말려 죽여 적의 움직임이나 식량 공급로를 파괴할 목적으로 만들어진 전쟁용 제초제예요. 이 화학물질은 주로 공군기와 헬리콥터로 살포되었는데, 공식적으로는 1966년 남베트남에서부터 살포되었다고 기록되어 있어요. 하지만 비공식적으로는 1950년 미군이 북한 지역이나 지리산 빨치산 토벌에도 사용했다는 증언도 있지요.

대구 미군 기지 고엽제 매몰 사건은 우리 국민을 깜짝 놀라게 한 사건이에요. 이 기지에서 근무하고 퇴역한 주한미군 3명이 애리조나 피닉스의 지역 방송(KPHO-TV)에 출연해서 "고엽제로 쓰이는 독성물질을 1978년에 묻었다"고 증언을 하면서 사건이 시작되었어요.

"경상북도 왜관읍 동쪽에 위치한 캠프 캐럴 기지에 드럼

**베트남전쟁 때 미군이 비행기로 고엽제를 뿌리는 모습** 고엽제는 인체에 치명적인 화학물질로 알려져 있는데, 대구 미군 기지에서 드럼통 250개 분량의 고엽제를 땅속에 묻었다고 해요. (사진·위키피디아)

통 250개 분량의 고엽제를 묻었다"는 거예요. 고엽제가 묻힌 곳은 캠프 캐럴의 헬기장 주변인데, 그곳은 낙동강에서 2킬로미터 정도, 낙동강 지류인 동정천과는 800미터 정도 떨어진 곳이었어요.

이 일로 칠곡 주민들은 불안감을 감추지 못했어요. 고엽제가 스며든 땅에 사는 미생물 등은 세포 형태가 변하고, 토양은 죽음의 땅으로 변하고, 최종 포식자인 인간 체내에는 발암물질이 축적되어 각종 질병을 일으킨다고 해요.

칠곡 주민들은 미군 부대가 주민들에게 일자리를 제공해 주어 고맙게 생각했는데, 맹독성 고엽제를 몰래 묻었다는 것은 생각만 해도 끔찍한 일이라며 정부가 나서 즉각 사실 확인을 해야 한다며 목소리를 높였어요.

주민들의 항의가 빗발치자 환경부 국립환경과학원의 토양, 수질 전문가 10여 명이 왜관으로 가서 기지 내부를 조사하려고 했지만 실패했어요. 미군 기지를 조사하려면 한미 주둔군 지위 협정(SOFA)에 따라 사전에 합의해야 하기 때문이에요.

**왜 미군 기지에 대해 제대로 권리를 행사하지 못할까요?**

미군 기지로 쓰이는 땅도 우리 것인데, 왜 우리는 우리 땅에 대해서 정당한 권리를 누리지 못할까요? 그건 미군들이 우리나라에 처음 들어온 때로 거슬러 올라가 봐야 알 수 있어요.

　1945년 9월 8일, 미군은 인천항을 통해 한국에 첫발을 들여놓았어요. 그때 우리나라 사람들은 미군들을 일제로부터 구원해 준 '해방군'이라고 생각해서 대대적으로 환영했어요. 하지만 그들은 '점령군'처럼 고압적이고 권위적인 모습을 보였어요. 미군은 상륙 작전에 방해가 될까 봐 완전 무장을 한 채, 미리 일본인 군경을 동원하여 한국인들의 외출을 일체 금지시켰다고 해요. 인천 시민들이 미군을 환영하려고 항구에 모여들었다가 경비 구역을 침범했다는 이유로 총에 맞아 2명이 사망하고 10여 명이 부상당하는 일이 벌어졌어요. 한국민들의 항의가 빗발치자 미군 당국은 정당한 공무집행이라며 오히려 총을 쏜 일본 경찰을 두둔했어요.

　그 후로 80년이 지난 지금, 우리는 땅을 미군들에게 공짜로 내주고 있어요. 미군은 한국에서 미군 기지로 자유롭게 사용할 수 있는 전용 지역 3,500만 평을 비롯해서 전국 90여 곳에서 약 7,500만 평을 공짜로 쓰고 있어요. 이 중에는 개인이 소유하고 있던 땅도 600만 평이나 포함되어 있어 주민들의 원성이 자자했어요.

이렇게 미군에게 묶인 땅은 공시지가 기준으로 12조 원이나 되고, 토지의 사용료는 해마다 22억 달러(한화로 약 3조 원)가 넘는다고 해요.

# 미군 기지 오염, 무엇이 문제인가요?

**환경오염 사고는 일어나기 전에 막아야 해요**

환경오염 사고는 처리 비용이 만만치 않아요. 게다가 미군 기지 오염 사고는 한국 정부나 지자체가 오염 유발 시설을 미리미리 살펴볼 수 없다는 것이 가장 큰 문제점이에요.

캠프 워커(대구광역시 소재) 부대에서는 2002년 7월 8일 군부대의 골프장 연못 조성을 위해 굴착 공사를 하던 중 기름 탱크에서 기름이 흘러나와 토양이 오염되는 사고가 발생했어요. 또 2000년 10월 22일에는 대형 차량 통행으로 기름 파이프가 파손돼 난방유 4,000갤런이 유출되는 환경오염 사고가 일어났어요.

**용산 미군 기지 전경** 용산 미군 기지에서는 1990~2015년까지 84건의 기름 유출 사고가 발생했지만, 한국 정부와 미군이 확인한 것은 5건에 불과한 것으로 알려졌어요. (사진·연합뉴스)

    이런 경우 사고가 발생한 후에 처리하는 것보다 미리 예방하는 게 비용이 훨씬 덜 드는데, 우리로선 그걸 막을 수가 없는 게 문제예요.

    미군 부대에서 흘러나온 기름 유출 사고는 하루 이틀 일이 아니어서 기지 부근의 토양과 지하수를 오염시켰을 거라고 전문가들은 예상하고 있어요.

## '오염 원인자 부담 원칙' 주한 미군에겐 너무 먼 이야기

토양 오염에 책임이 있는 당사자가 오염 방지 및 제거 비용을 부담하는 것이 '오염 원인자 부담 원칙'이에요. 이 원칙에 따라 주한 미군이 환경 정화와 복구 비용을 부담하는 것이 맞지요. 이는 대부분의 국가가 환경 관련 국제문서, 조약, 국내 환경 정책 및 환경 규정 등에서 오염 비용 부담에 관한 기본 원칙으로 채택하고 있어요.

그렇지만 한미 양국 간에 체결된 '환경 보호에 관한 특별 양해각서'를 보면 문제 해결이 그리 쉽지 않다는 것을 알 수 있어요. 주한 미군 측은 환경 치유의 기준으로 해외 주둔 미군 기지에 적용되는 미국 국방부 내부 지침인 'KISE' 기준을 주장하고 있어요.

KISE란 '인간의 건강에 대한 공지의 급박하고 실질적인 위험'을 뜻하는 영문 약자로, KISE에 해당하는 사안에 대해서는 한미 공동조사 절차와 치유 원칙을 따르지만, 향

후 기지 반환에 따른 환경오염 사고들은 한미 주둔군 지위 협정(SOFA)에 따라 미국이 원상 회복을 할 이유가 없다는 것이 미군 측 주장이에요. 즉 미군은 '이미 널리 알려진 급박하고 실질적인 환경 오염'만을 책임지겠다는 것이에요.

해외 주둔 미군의 공통 지침이라는 이 KISE의 구체적인 개념이나 실체는 존재하지 않아요. 문제는 또 있어요. 반환 미군 기지의 환경 오염 정도가 KISE에 해당하는지, 해당하지 않는지를 주한 미군 사령관이 재량껏 판단할 수 있도록 한 거예요.

주한 미군의 캠프 캐럴 고엽제 매몰 사건을 계기로 우리 정부의 철저한 진상 조사, 책임 소재의 규명과 아울러, 전국의 주한 미군 기지에 대한 실태조사와 함께 한미 간에 체결된 불합리한 환경 관련 규정의 개정으로까지 이어져야 한다는 말이 설득력을 얻고 있어요.

### 주민들, 국가를 상대로만 소송이 가능하고 '고엽제 질병'은 입증도 어려워

법조계에 따르면 고엽제 매몰이 사실이더라도 피해 주민들은 국가를 상대로 소송을 제기하는 것 외에는 별다른 방법이 없다고 말해요. 국가보훈처는 월남전이나 비무장지대(DMZ) 남방 한계선에서 근무한 군인들만 고엽제 피해 지원 대상자로 인정하고 있어요.

한미 주둔군 지위 협정(SOFA)에도 해당 사항이 없어 미국을 상대로 소송을 제기하기도 어렵다고 해요.
국가를 상대로 한 재판 결과에 따라 정부가 피해 주민들에게 배상금을 지급한 뒤, 정부가 주한 미군에게 청구할 수 있대요. 그러나 미군이 환경 피해를 인정하고 일괄 배상한 일은 아직까지 없어요.

또 국가를 상대로 소송을 제기한다 해도 피해 주민들이

고엽제로 인해 피해를 입었다는 인과관계를 증명하기가 매우 어려워요. 고엽제로 인해 질병에 걸렸다고 하더라도 다른 영향 관계가 뒤섞여 있을 수 있기 때문이에요.

## 무엇을 해야 할까요?

우리나라 법은 오염 유발 시설을 지자체에 신고해야 하고 정기적으로 점검하여 보고해야 해요. 그리고 오염이 발생한 시설은 점검과 보고가 까다롭게 진행돼요. 한번 망가지면 복구하기 어려운 우리 땅을 지켜야 하기 때문이에요. 그러므로 우리 땅에 있는 미군 기지의 경우도 오염 유발 시설을 한국 측에 신고하도록 하고, 이의 관리 상태를 정기적으로 보고하도록 해야 합니다.

특히 오염을 일으키는 주요 원인으로 지목된 유류관과 저장 시설에 대해서는 되도록 빨리 점검해야 해요. 특히 미군 측에서 제거하였다고 알려진 지하 유류 저장 탱크에 대해 제거 상태를 확인하고, 제거된 후 남아 있는 기름 찌

꺼기나 이미 오염된 토양이나 지하수의 정화 상태도 확인할 수 있어야 해요.

미군 기지 환경 피해는 기지 내부에서 오염 사고가 발생하여 외부로 확산되는 경우이거나, 또 외부에서 오염이 확인된 후에 내부 시설에 문제가 있음이 발견되는 두 가지 경우가 있어요.

미군 기지 내부에서 사고가 나도 이를 미군 측이 곧바로 한국 측에 통보하지 않아요. 기지 내부의 사고로 인해 그 피해가 외부로 확산되는 것을 알면서도 미군 측은 한국 측에 통보하지 않은 채 내부에서만 오염 방제 작업과 시설 교체 작업을 진행해요. 오염 피해의 대부분은 기지 외부로 흘러나온 기름띠나 냄새를 발견한 주민들이 지자체에 신고해서 확인되었어요.

2007년 반환된 미군 기지들 중에서 환경 피해가 확인되지 않았던 기지들도 오염 조사 결과는 심각한 상태였어요.

이는 내부에서 발생한 오염이 외부로 통보되지 않았다는 것을 말해 주는 거예요.

2004년 11월 언론을 통해 용산 기지 내에 10곳가량에서 기름 제거 작업을 진행하고 있다는 사실이 밝혀진 후, 환경부가 확인 요청을 보내고 나서야 미군 측은 오염 사고가 발생한 사실이 있었다고 시인했어요.

다시 강조하지만 기지 내부에서 발생한 사고가 미리 조치가 취해진다면 훨씬 피해를 줄일 수 있어요.

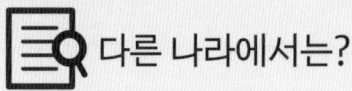 다른 나라에서는?

### 필리핀 미군 기지 정화 비용, 10년 넘게 지불 거부

미군이 주둔했던 필리핀 클라크와 수비크만 일대 주민들이 겪고 있는 끔찍한 재난은 세계적으로 유명해요.

1991년 필리핀 피나투보 화산이 폭발하자 인근 지역 주민들은 미군이 오랫동안 쓰다가 철수한 클라크 기지로 이사했어요. 그런데 2년에서 5년 가까이 그곳에 살게 되면서 주민들이 하나둘씩 죽어 가기 시작했답니다. 약 300여 명의 주민이 각종 암과 백혈병, 폐 질환에 걸리고, 수십 명의 아이들이 뇌성마비와 선천성 심장질환을 앓았는데, 1995년 이래 사망한 것으로 공식 확인된 사람만도 88명에 이르렀다고 해요. 해군 기지가 있던 수비크에서도 백혈병 환자들이 수두룩하게 발생했고, 군함에서 석면에 노출된 채 일했던 노동자들 중 100명 이상이 숨졌어요.

이 기지에서 미군에 의해 오염된 지역을 모두 정화하려면 약 10억 달러(약 1조 3천억 원)가 들 것으로 예상하고 있대요. 피해자 200명이 미국 정부에게 1,020억 달러를 배상하고 기지를 정화하라며 소송을 낸 상태이지만, 예상했던 대로 미국은 책임지기를 거부하고 있어요. "기지를 반환할 경우 원상회복할 의무가 없다"는 필리핀·미국 주둔군 지위 협정의 규정을 내세우고 있는 것이지요.

미군 기지는 전쟁이 났거나 전쟁이 일어날 위험성이 있는 지역에 생기는 경우가 대부분이고, 이 때문에 불평등한 상태로 주둔하는 경우가 많아요. 땅을 거의 무상으로 미국에 제공하는 경우가 대부분이에요. 그러나 미군들은 자신의 영토가 아니라는 생각 때문에 토양이나 수질을 마구 오염시켜 상태가 심각해졌고요.

필리핀의 미군 기지 오염은 심한 경우이지만 우리의 처지와 매우 비슷하기 때문에 참고하여 대책을 세워야 해요.

✉️ **작가의 편지**

## 빨리 미군 기지를 개방하고 오염 정도를 점검해야 해요

안녕 친구들. 오늘은 슬픈 소식을 전해야 할 것 같아요.

두종이 동생 두리가 병이 깊어져서 며칠 전 하늘나라로 떠나고 말았답니다. 두종이 피부병도 나아질 기미가 없어서 두종이네 가족은 오랫동안 살던 캠프 캐이시를 떠나기로 했어요. 요즘 이 기지 안에 엄청난 양의 다이옥신이 흘러나오고 있다는 소문이 파다하거든요. 다이옥신에 관해 미군 기지 관계자들은 묵비권을 행사하고 있어요.

고엽제에 들어 있는 다이옥신 1g이면 사람 2만 명을 죽일 수 있고, 인체에 극히 적은 양이 흡수되었다 해도 점차 몸속에 쌓여 10~25년이 지난 후에도 각종 암, 신경계 손상, 기형 유발, 독성 유전 등의 후유증을 일으킨다고 해요.

땅은 한번 망가지면 다시 회복하기 어려워요. 그러니 오염되기 전에 잘 보살펴야 하지요. 토양이 오염되면 그 속에 깃들어 살고 있는 토양 생물들과 지하수를 병들게 하고, 이것들이 서서히 사람들에게 피해를 줘요. 또한 금방 눈에 보이는 피해보다는 오랜 기간 쌓이면서 돌이킬 수 없는 피해를 주게 되는데, 대부분의 환경오염처럼 한번 오염된 것을 되돌리려면 훨씬 더 긴 시간과 많은 경제적 투자를 필요로 해요.

　지금은 우리 땅이 어느 정도 오염되어 있는지조차 모르는 상태라니 너무 무섭고 끔찍한 일이에요. 그러니 대한민국 안에 있는 83개의 미군 기지 안 오염 정도를 정확히 알 수 있도록 하루라도 빨리 미군 기지를 개방하고 오염 정도를 점검해야 해요. 미군 기지도 소중한 우리 땅이니까요.

| 글쓴이 |

### 김보경
대학에서 문예창작을 전공하고, 어린이들과 동화책을 읽으며 글쓰기 수업을 했습니다. 그렇게 오랫동안 어린이들과 함께하면서 동화를 쓰게 되었지요. 지금은 날마다 어린이들을 위한 재미있는 이야기를 짓는 데만 힘쓰고 있습니다. 제13회 한국 기독 공보사 신춘문예에 당선되었고, 119 문화상을 수상하였어요.
지은 책으로는 《빨간 모자 탐정 클럽》, 《외계인을 잡아라!》, 《1920 알파걸》(공저), 《미래에서 내 짝꿍이 왔다》가 있습니다.

### 김현주
아이들 독서 지도를 하다가 어린이책에 관심이 많아졌습니다. <어린이와 문학>의 추천을 받아 동화 작가로 글을 쓰고 있어요. 그동안 쓴 글이 몇 권의 책으로 나왔습니다.
지은 책으로는 《돌글랑불턱의 아이들》, 《행운당과의 비밀》, 《친구계산기》(공저), 《1920 알파걸》(공저) 등이 있습니다.

### 박윤우
읽고 쓰는 일을 가장 좋아해 작가가 되었습니다. 빛나는 이야기들 덕에 삶을 더 사랑하게 되었습니다. 미군 부대 옆에 오래 살면서 국제 정치, 환경 문제에 대해 깊이 생각하다 이번 《환경 스캔들》 작업에 참여하게 되었습니다.
지은 책으로 청소년 소설 《어게인 별똥별》, 《편순이 알바 보고서》, 《달려라 소년 물장수》, 《다크네임걸》, 동화 《봄시내는 경찰서를 접수했어》, 《아홉시 신데렐라》, 《초록이 끓는 점》(공저), 역사 기획 《역사가 된 노래들》(공저) 등이 있습니다.

### 장은영

오랫동안 아이들과 함께 책을 읽어 왔어요. 아이들에게 직접 만든 이야기를 들려주고 싶어 동화를 쓰기 시작했습니다. 늘 아이들 마음을 사로잡는 멋진 작품 쓰는 것을 꿈꾸고 있어요. 전북일보 신춘 문예로 등단했고, 통일동화 공모전, 불꽃문학상, 전북아동문학상, 2024 남도 의병 콘텐츠 공모전 스토리 부문 대상을 수상했어요.
글을 쓴 책으로 《역사와 문화로 보는 도시 이야기-전주》, 《초록이 끓는 점》(공저), 《마음을 배달하는 아이》, 《책 깎는 소년》, 《설왕국의 네 아이》, 《네 멋대로 부대찌개》(공저), 《으랏차차 조선실록 수호대》, 《바느질은 내가 최고야》, 《열 살, 사기열전을 만나다》 등이 있습니다.

### 조지영

초등학교에서 아이들과 생활하며 글을 쓰고 있습니다. 100년 가는 이야기꾼을 꿈꾸며 매일 이야기 조각을 찾아 나섭니다. 2012년 〈어린이와 문학〉에 동화가 추천되어 작품 활동을 시작했습니다.
글을 쓴 책으로 《100년 묵은 달봉초등학교》, 《X표 하시오》, 《수호의 영웅 도전기》, 《노는 거라면 자다가도 벌떡》이 있습니다.

## 왜 천천히 읽기를 해야 하는가?

'천천히 읽는 책'은 그동안 역사, 과학, 문학, 교육, 지리, 예술, 인물, 여행을 비롯해 다양한 주제와 소재를 다양한 방식으로 펴냈습니다. 왜 천천히 읽자고 하는지 궁금해하는 독자들이 있어서 몇 가지를 밝혀 둡니다.

- '천천히 읽는 책'은 말 그대로 독서 운동에서 '천천히 읽기'를 살리자는 마음을 담았습니다. 천천히 읽기는 '천천히 넓고 깊게 생각하면서 길게 읽자'는 독서 운동입니다.

- 독서 초기에는 쉽고 가벼운 책을 재미있게 읽을 수 있는 방법으로 시작해야겠지요. 그러나 독서에 계속 취미를 붙이기 위해서는 그 단계를 넘어서 책을 깊이 있게 긴 숨으로 읽는 즐거움을 느낄 수 있어야 합니다. 그래야 문해력이 발달합니다.

- 문해력이 발달하는 인지 발달 단계는 대체로 10세에서 15세 사이에 시작합니다. 음식을 천천히 씹으면서 맛을 음미하듯이 조금 어려운 책을 천천히 되씹어 읽으면서 지식을 넘어 새로운 지혜를 깨달을 수 있습니다.

- 독서 방법에는 다독, 정독, 심독이 있습니다. 천천히 읽기는 정독과 심독에서 꼭 필요한 독서 방법입니다. 빨리 많이 읽기는 지식을 엉성하게 쌓아 두기에 그칩니다. 지식을 내 것으로 소화하기 위해서는 정독이 필요하고, 지식을 넘어 지혜로 만들기 위해서는 심독이 필요합니다.

- 어린이들한테는 쉽고 가볍고 알록달록한 책만 주어야 한다고 생각하는 어른들이 있습니다. 그러나 독서력이 높은 아이들은 어렵고 딱딱한 책도 독서력이 낮은 어른들보다 잘 읽습니다. 그런 기쁨을 충족하지 못할 때 반대로 문해력도 발달하지 못하면서 책과 멀어지게 됩니다.

'천천히 읽는 책'은 독서력을 어느 정도 갖춘 10세 이상 어린이부터 청소년과 어른까지 읽는 책들입니다. 어린이, 청소년과 어른들(교사와 학부모)이 함께 천천히 읽으면서 이야기를 나눌 수 있는 읽기 자료가 되기를 바라는 마음에서 만들고 있습니다.